徳大寺有恒といく
エンスー・ヒストリックカー・ツアー

NAVI編集部 編

徳大寺有恒といく

エンスー・
ヒストリックカー・ツアー

目次

徳大寺有恒

言わずと知れた
カリスマ自動車評論家。
意外にオチャメな一面も(?)

松本英雄

年齢詐称疑惑が
噂されるほど旧いカルチャーに
精通したテクニカルライター

登場するショップに関する情報などは取材当時のものです。

イラストレーション＝綿谷　寛

担当シオミ

昼めしの手配に全身全霊を
傾ける"巨匠番"編集者

綿谷　寛

絵のうまさは超一級。
しめ切り破りは超ド級の
人気イラストレーター

沼田　亨

ヒストリックカーを語らせたら
巨匠も唸る"自動車うんちく王"の
ライター

ツアー第01回

MGは鮒のようなもの

小さい頃から『間違いだらけのクルマ選び』を愛読してきた担当にとって、徳大寺巨匠と丸一日を過ごせるこの企画は、最も心ときめく仕事、というより、もはやワンデイ・エクスカージョン！　初回は「長く乗れるクルマ」という特集テーマに合わせた中古車を探しに出かけた。

最初に訪れたのは、都内有数のラテン車専門店「コレツィオーネ」。巨匠曰く「モテるに違いない」イケメン青年社長、成瀬健吾さんにお相手していただきました。

徳大寺　おお、ジュリエッタSS（スプリント・スペチアーレ）があるじゃないか。

松本　ものすごくきれいですね。

徳大寺　知ってる？　このクルマはメルセデス300

巨匠は朝から上機嫌。いざ中古車ツアーへ！
合コンでもこのぐらい気配りしようと
綿谷隊員
巨匠が登場する前と話が違うじゃん（苦笑）
硬いなー。使えねーよ、このシート
沼田隊員
なるほどー、やっぱルノーの影響ですね
松本隊長
巨匠、お菓子でも食べながら回りましょう
巨匠、今日はENGINEじゃなくてNAVIの取材ですので
シオミ隊員
巨匠、シガーの灰が
このヘッドレストいいな。シートの座り心地もいい。ルノー色が濃いな、ウン
日産セレナ、誉められちゃった
今日はピクニックみたいで楽しいなー
せんべい
チョコ
あ、もしもしー、ティンバー？（等々力の中華料理店）予約お願いします
ランチだって抜かりないデキる編集者っぽいでしょ？

ＳＬをそっくりマネしてるんだよ。とくに真上から見ると、間違えるくらい似てるぜ。
松本　ホントだ。バンパーの形状なんか瓜二つですね。フェンダーの峰とかも。
担当　へえ〜、いきなり勉強になるなあ。
徳大寺　これは６００万円ぐらいするかな。
松本　さすがですね。５９８万円だそうですよ。こっちのジュリアスーパーは１６８万円ですか。
成瀬　それは伊藤忠（新車当時の輸入代理店）もので、しかも数少ない１３００なんですよ。クーラーも付いてます。
徳大寺　伊藤忠がクーラーをつけて売ったんだよ。でも効かないんだな、これが。後継モデルの１７５０ベルリーナを持ってたけど、パワーを食うだけで涼しくならなかった。
松本　このランチア・テーマ８・32も程度がよさそうですね。
徳大寺　いい色だな。ブルーグリーンとでもいうのか。
成瀬　この色は珍しいんですよ。おそらく日本には数台しか輸入されなかったんじゃないですか。
担当　これはおいくらでしょう？
成瀬　１４８万円です。
徳大寺　ジュリアスーパーより安いのか。
松本　そう考えるとえらく買い得のような気もしますが、ちょっと前までは１００万円を切るタマもありましたよね？
成瀬　今はないですね。再び人気が出てきたようで、ウチでも入るとすぐに出ていきます。
徳大寺　しかしまあ、値段がいくらだろうと、こういうクルマは予算ギリギリで買っちゃダメだよ。何度も繰り返してることだが、余裕がなくて直せないと、結局クルマを潰しちゃうことになるから。
松本　そうなると嫌な想い出しか残らないし、クルマもかわいそうですよね。ところで、このモンディアルＴのスパイダーもすごくきれいですね。
成瀬　それは納車待ちなんですよ。珍しい2ペダルのバレオマチックで、しかもこの程度のよさとなれば、めったに出ません。
松本　おいくらだったんですか。
成瀬　５４８万円でした。
徳大寺　モンディアルＴは、中古フェラーリのなかでは長く乗れるクルマなんじゃないかな。この時代の12気筒はとっても金がかかるんだが、ギアボックスが横置きになって以降のＶ８モデルは、それに比べたら維

うん、実にいいクルマだ。がしかし、このクルマは販売価格の倍の予算をクルマにつぎ込める人向き。メカに強く、クルマを2台所有できる余裕のある人が乗るべきだな
うあっ巨匠、148万円はお得感ありますね
長く乗れるというより、長く保存したいって感じ。でないとこのクルマがかわいそうだよ
日本に数台しか輸入されなかったというブルーグリーンのランチア・テーマ8・32

持しやすいから。クラッチなども不当に重くないので、運転しやすいし。これはスパイダーだけど、クーペなら耐候性も高いので長持ちすると思うよ。

松本　スタイルもこれ見よがしな部分がなく上品で、飽きがこなさそうですね。

徳大寺　それになんといっても安いし。2シーターのカッコイイやつは、いつまでたっても高いんだよ。そこいくと不人気モデルは安いからな。モンディアルをはじめ、俺の乗ってた400iとか、君の持ってた330GT2+2あたりは（笑）。

松本　高いのが買えないってこともあるけど、そうした不人気モデルのほうが、知る人ぞ知るという感じで好きなんですよ。

徳大寺　それはあるな。そういえば400iに乗ってたとき、道路に停めて人待ちをしていたら、遠巻きにじっと見つめていた男の子が意を決したように近づいてきて「おじさん、これホントのフェラーリ?」って尋ねてきたことがあるよ。

一同　ワハハハハ（爆笑）。

松本　カッコはセダンみたいだし、色も赤じゃないし、でも跳ね馬エンブレムはついてるしで、彼は相当悩んだんでしょう。

担当　子供にわからないフェラーリもあるってことですね。

徳大寺　そのとおり！　君、なかなかいいことを言うじゃないか。

担当　（心の声）……ほめられた……尊敬する巨匠にほめられた……ジ〜ン。

徳大寺　しかし４００ｉには参ったよなあ。回転半径が大きくてまずＵターンはできないし、クラッチは死ぬほど重くて、エンジンの熱量もすごいから真冬でも汗をかく。おまけにオンナを乗せると必ずエンコするんだ。

担当　きっと４００ｉも女性で、やきもちを妬いたんでしょうね。

松本　さっきせっかくほめてもらったのに、今度はずいぶんベタなことを言うじゃない？

沼田　まだまだ修業が足りないね。

担当　……成瀬さん、そろそろ失礼します。どうもお邪魔いたしました。

徳大寺　いやあ、ここはいつ来てもホントに楽しいな。どうもありがとう。また寄せてもらいます。

成瀬　こちらこそありがとうございました。

148万円のランチアと548万円のフェラーリ、長く乗れるクルマはいったいどっちなんだよ
いい！不人気フェラーリは実にいい！
おいおい、不人気モデル自慢かよ
フェラーリモンディアルTは548万円
ボクが持ってた330GTもよかったです
オレの乗ってた400iもよかった
フェラーリのV8は12気筒より維持しやすいし、不人気モデルだと安いしな。これはお買い得だ！
維持費がかかるとか不人気モデルとか…。素直に喜んでいいのかな、ボク
巨匠に「ヤサ男」と言わしめたコレツィオーネのイケメン社長成瀬健吾さん
この余裕がラテン中古車店のオーナーたるゆえんだ

【CLLEZIONE GALAGE】
東京都世田谷区等々力7-2-32
☎03-5758-7007　URL　http://www.collezione.co.jp/

次に一行が向かったのは、〝サリーン〟の輸入代理店でもあるアメリカ車ショップ「ブルーフレーム」。アメ車の黄金時代を肌で知る巨匠と担当の岡村淳さんの間で、キャロル・シェルビーにまつわる話題などで大いに盛り上がりました。

徳大寺　こちらで人気のあるモデルというと、どのあたりでしょうか。

岡村　オイルショック前の、もっともパワフルだった時代のモデルが中心ですね。車種でいうと初代マスタングやカマロといったところです。

松本　こちらは〝ハイテック〟と称する、古き良き時代のモデルのパワートレーンやブレーキ、エアコンなどを最近のものにアップデートした、イージーかつ快適に乗れるクルマの製作を得意としてるんですよ。

徳大寺　ほう。そいつはいいな。

岡村　たとえばこのカマロRSは69年式なんですが、エンジンは90年代のコルベット用の３５０（５・７ℓ）のインジェクションユニット、ミッションは４ATにスワップしてます。

松本　これでおいくらですか？

岡村　３９９万円です。

担当　なかなか魅力的な値段ですね。こっちのマスタング・マッハ１は？

岡村　それはペイントも含めてオリジナルのままなんですよ。ルーフレザーだけは張り替えましたけど。価格は１８９万円です。

松本　塗装がいい感じに褪せてますね。この味はオリジナルならではでしょう。

岡村　そうなんですよ。レストアはお金さえあればいかようにもできるけど、時間は買えませんから。

徳大寺　まったくそのとおり！　このコルベットもすごいな。４２７（７ℓ）の最強バージョンじゃないか。

担当　〝TURBO JET〟というエンブレムが付いてますが、まさかターボ付きじゃないですよね？

松本　そんなはずはないけど、燃焼室の形状かなにかを指してるのかな。

岡村　単純に強くて速そうな名前というだけだと思うんですが（笑）。

担当　これはおいくらでしょう。

岡村　４７２万５０００円です。

沼田　意外と安い気がしますね。アメリカでも４２７は別格と聞いていますが。

岡村　そうですね。むしろアメリカに持っていったほ

わざと直射日光にさらしても、このオリジナルのような色褪せ感が出せないんですよね(笑)
このマッハ1はオリジナルペイントです。いい味出してるでしょ?
壁にかかるピンナップガールのカレンダーが雰囲気
色褪せたアメ車のよさはわかりました。で、長く乗れるアメ車はどれですか?
それとアメ車の中古車店のスタッフは、ジーンズとTシャツが似合う人でないと。スーツを着てたら逆に怖いわ(笑)
まったくその通り!
オリジナルのマスタング・マッハ1は189万円

うが高く売れるでしょう。とはいえ、このロードスターよりクーペのほうがさらに希少価値は高いんですけどね。

徳大寺 なるほど。その隣にあるビュイックGS400も懐かしいクルマだな。その昔、ヤナセのクルマを借りて、式場（壮吉）くんと乗った憶えがあるよ。

岡村 式場さんといえば、60年代にシェルビー・コブラ427SCを新車で購入して乗っていらしたそうですね。

徳大寺 ええ。あれは当時、ロサンゼルス空港内にあったシェルビー・アメリカンのファクトリーを訪れた際にオーダーしたクルマなんですよ。私も同行してましたから。

岡村 そうだったんですか。

徳大寺 おそらく式場くんより僕のほうがあれに乗る機会は多かったじゃないかな。彼は気前よく貸してくれる人だから。

岡村 当時、ほかにも輸入されたシェルビーのクルマはあったんでしょうか？

徳大寺 どうでしょうねえ。キャロル・シェルビー自身は、何度も来日してましたけど。

岡村 私にとってキャロル・シェルビーは憧れの人物

店内には
映画『ブリット』の
スティーブ・マックイーンの
ポスターが…。
昨今のマックイーン
ブームに乗って
アメ車に入門する
お客さんも多いとか
STEVE McQUEEN
BULLITT
BLUEFLAME
生キャロル・シェルビー（ボクの憧れ）と時代を共にしたんですか！
巨匠、話は尽きませんがつぎの店へ
彼は実にナイスガイだった
いやー、クルマ好きっていいな。話が尽きない
スギエサン ジョウズネ

なんですが、残念ながら一度もお目にかかったことはないんですよ。

徳大寺　彼は非常にナイスガイでしたよ。ファクトリーを訪れたときは歓迎してくれたし、彼らがGT40で出場していたルマンにも招待してくれましたからね。そうそう、ルマンが終わったあと、パリでGT40のストリートバージョンにも乗せてくれたっけ。

一同　へ～え。

松本　それは僕も初めて聞きました。で、どうだったんですか。

徳大寺　とにかくやかましかったこと、コントロール類がやたらと重かったことくらいしか憶えてないな。

担当　盛り上がっているところを恐縮ですが、今日のお題について伺いたいと思います。アメリカ車というのは、長く乗るのに適しているのでしょうか？

岡村　もちろんそうです。ハイテックカーが何よりの証明だと思うんですが、数十年前のクルマであっても、最新のエンジンやミッションが容易にスワップでき、蘇らせることができるわけですからね。

担当　なるほど。

岡村　また古いクルマであっても部品は純正、社外品を含めて豊富で、最近は通信網や流通網の発達もあり、日本にいても1週間あればたいていの部品は入手可能ですから。

松本　しかも値段が安いですよね。

岡村　まあ、品質もそれなりだったりしますけど（笑）。

アメ車のいいとこはどんなに旧いクルマでもパーツが手に入るところですね。長く乗るためにはこれが一番大切なことですから
今日は勉強になりました。著書にサインお願いします
ブルーフレームの岡村淳さん
ジーンズがよく似合うアメ車ガイだ

担当　さて、そろそろおいとまする時間です。

徳大寺　そうか、楽しいと時間が経つのが早いな。今日は久々に懐かしいアメリカ車を見せていただきました。どうもありがとう。

岡村　こちらこそ、興味深い話を聞かせていただき、ありがとうございました。

最後に訪れたのは、英国車好きの巨匠のお墨付きの店である「ガレージ日英」。代表の白鳥滋晴さんと巨匠は古くからの付き合いで、英国車談義は、尽きることがありません。

徳大寺　こんにちは。今日はどんなクルマがあるか、とっても楽しみにしてきました。

白鳥　ありがとうございます。これなんかいかがでしょう？　かつて日英自動車（輸入代理店）で入れた２台目のＭＧＢ、64年式です。

徳大寺　オールドイングリッシュホワイトの色合いが絶妙だな。やっぱりＢは白が似合う。

松本　64年式というとミッションはローがノンシンクロですよね。ダブルクラッチを踏まなきゃいけないな。

白鳥　セカンドを舐めてからローに入れるとギア鳴りしないとか、乗っているうちに自然に憶えますよ。

徳大寺　運転を含めてスポーツカーというものを知るには、ＭＧは最適だと思うけどな。ＭＧに乗らずしてスポーツカーを語ることなかれ、と私は言いたい。

松本　釣りにたとえれば鮒みたいなものですかね。

徳大寺　そうだな。スポーツカーはＭＧに始まりＭＧに終わるのかもしれない。

担当　これはおいくらですか。

白鳥　１８０万円くらいで出そうと思ってます。

徳大寺　表にあったＡＤＯ16のライレー・ケストレル、あれは非常に珍しいんじゃないですか。

白鳥　さすがにお目が高いですね。あれも日英もので、とても希少なクルマです。エンジンからボディまですべて仕上げてありますし、１８０万円なら安いと思うんですが、なかなかわかってくださる方がいないんですよ。

松本　ちょっと変わったバンプラ、なんて言われちゃいそうですよね。

徳大寺　このジャガーＥタイプもいい色だなあ。

松本　巨匠がもっとも好ましいＥタイプという、４・２ℓエンジンを積んだシリーズ１・５ですね。

白鳥　これで右ハンドルだったら最高なんですけど。

松本　お値段は？

白鳥　６００万円ですね。

松本　僕はＸＪ６Ｃが気になります。しかし、これだけエレガントな姿をしていても、やはりオーバーヒートは避けられないのでしょうか。

白鳥　これは大丈夫ですよ。触媒が付いてませんから。ちなみに価格は２４０万円です。

担当　思ったより安いんですね。グラッときちゃうなあ。すげえカッチョイイし。

松本　いや、君が英国車に乗るんだったら、まず鮒、すなわちＭＧから始めるべきだと思うよ。構造が単純、パーツも豊富で入門用にはうってつけだし、巨匠がおっしゃるように奥も深いから、長く乗れるはずだ。

沼田　そうだよ。ジャガーなんて20年早いよ。

担当　……わかりました、勉強してから出直します。ということで、今日のところはそろそろ失礼させていただきます。

白鳥　そうですか、ではまた遊びにきてください。

徳大寺　再びお目にかかる日を楽しみにしております。みんなも今日はどうもありがとう、お疲れさまでした。

一同　お疲れさまでした！

鮎も入荷しましたー、
なるほど、鮒のMGもいいけど鮎のライレーもうまいと
変わったバンデンプラねって言われそうだけど
さすが巨匠はお目が高い！バンデンプラの影に隠れてこういうクルマは、なかなかわかってもらえないんですねー
ADO16のライレー・ケストレルはすべて仕上げて180万ポッキリ
ほほー、ライレーとは珍しいな。これはいい！
英車のことならおまかせ！ガレージ日英の白鳥滋晴さん

【ガレージ日英】
東京都大田区蒲田2-9-11
☎03-3739-2606　URL　http://www.garage.nichiei.jp/

アルファを始めるのにいい時代

徳大寺巨匠と愉快な仲間たちが繰り広げる
飽くなき中古車談義。
この世で最もスイートな響きのする
イタリアンブランド、アルファ・ロメオの話なら、
巨匠の思い出話はつきません。

中古アルファを目指し、西へ向かって出発した徳大寺巨匠以下ツアー隊一行。まずは車内で、巨匠の懐かしのアルファ体験についてうかがいました。

松本　巨匠が最初に乗ったアルファって、何だったんですか？

徳大寺　友人の石津祐介君が持ってた１９００ベルリーナだな。アルファ初の戦後型にして、量産型だった。

松本　石津さんって、あのＶＡＮの？

徳大寺　そう。創業者である石津謙介さんの次男坊。石津くんの前は自動車評論家の池田英三さんが所有していた、仲間内では知られていたクルマだった。

松本　その頃の日本におけるアルファって、どんな存在だったんでしょう。

徳大寺　やっぱり特別なクルマだったよ。なんたってエンジンがツインカムだからな。１９００なんて、あの盾さえ除けば、ボテッとした4ドアセダンなのに。

松本　そうですね。じつは僕もほんの一時期ですが、１９００に乗っていたことがあるんですよ。

徳大寺　ほう。なんでまたそんな古いクルマに？

松本　その前はジュリエッタ・スプリントに乗っていたんですが、あれは１３００ですよね。１９００ならもっと速いんじゃないかと乗り換えてみたところ、あまりの遅さにびっくり。若気の至りでした。

徳大寺　なにせ１９４０年代の設計だからな。

松本　ところで、ご自分で所有された初アルファは？

徳大寺　アルフェッタのベルリーナじゃないかな。

松本　『間違いだらけのクルマ選び』が大ヒットして、買われたというやつですか？

徳大寺　よく知ってるじゃないか。待てよ、その前に

2600SZを買ったことがあったっけ。

松本　え〜、あのザガートボディの？

徳大寺　そう、異形ライトが付いた。盾グリルがヘチャッとしてるのが気に入らなかったな。いちおう2+2なんだけど、リアシートはほとんど使い物にならなかったし。

松本　でも、あれはかなりの希少車ですよ。たしか生産台数は100台ちょっとだし、日本ではジュリアスーパーが200万円以下だった60年代後半に、500万円以上した高価格車でもありますから。

徳大寺　そうか。でも俺が買ったときは安かったぞ。というか、すごく安かったから買ったんだ。いくらだったかは憶えてないが。

松本　2600の直6エンジンってどうなんですか。僕は一度も乗ったことがないんですよ。

徳大寺　鈍重（笑）。ボディが重かったせいもあるんだろうが、運転していて楽しくないので、あまり乗らずに手放してしまったな。

古いアルファならこの方におまかせ！
「ミラノオート」代表
安藤俊一さん
当時のイタ車はオーバークオリティといえるぐらいパーツに金をかけていますよ。あまり儲からなかったんじゃないかなー
担当シオミは古いアルファの調子よりも巨匠のご機嫌の方が気がかり。
このあたり田舎じゃん。旨い店とかあるのかなぁ
巨匠に美味しい昼食をご用意して早く名前を覚えてもらいたいなぁ
20代で手に入れたポンコツのジュリエッタから数えてキャリア30年以上のアルファ博士。入門者にとって頼りになるちょいイイオヤジだ。
イタリアから直輸入したジュリエッタT.I.安藤さんお気に入りの1台だ。250万円
うぁー、整備性がよさそー。錆肌もきれいだこと
面白いなー、この雲形定規みたいなバイザー。三角窓がなくても風が入ってくるのね
こちらは200万円前後。
61〜62年の最終型ジュリエッタT.I.。250万円。
このグリーンのジュリアスーパーもいいじゃないですか。伊藤忠ものは右ハンドルが多いのね
オートマにスワップ。エンジンも1750ccに載せ替え。
うん、これはいい！

今月の徳大寺（中古車ツアー）スタイル
えっ、作務衣かよ!?
散歩かよ!?
おはよう
ボルサリーノのパナマハット
今回はアロハだと思うな
それもナッシュとか、懐かしのアメ車プリントもの
松本センセイ
ライター沼田
いつもダンディな徳大寺巨匠。
毎回お迎えにあがるとき、巨匠の出で立ちは
ワレワレの楽しみでもある。今月はどんな
お手本を見せてくれるのだろうか……。

松本　もったいないですね。

徳大寺　そうそう、その後に１７５０ベルリーナにも乗ったよ。これにはクーラーが付いていたんだけど、パワーを食うばかりでちっとも涼しくなかった。

巨匠のアルファ昔語りをうかがっているうちに、東京・町田市にある「ミラノオートサービス」に到着。同社代表の安藤俊一さんが、アルファ好きが高じて30年近く前に立ち上げた、アルファスタの間では有名なスペシャルショップです。

松本　（ボディカバーをかけたままリフトアップされているクルマを見て）おや、このシルエットは?

安藤　マセラティ・ミストラルです。レストアしようと思ってるんですが、なかなか手が付けられなくて。

徳大寺　懐かしいな。

松本　巨匠は一時期、乗られてましたものね。

安藤　古いマセラティって、なぜか日本では人気がないんですよ。これなんかいいクルマだと思うんだけど、今や相場はジュリアＧＴＡの半値近いですからね。同じアルミボディ、ツインプラグなのに（笑）。

松本　ＧＴＡの値段は上昇してるんですか?

安藤　１３００で８００万から９００万円、１６００だと１０００万円ぐらいします。

徳大寺　それほどまでに!

担当　お話中失礼ですが、そろそろ在庫車を見せていただきましょうか。

松本　そうだね。おっ、ジュリエッタＴＩがあるじゃないですか。僕、これ好きなんですよ。何年型ですか。

【MILANO AUTO SERVICE】
東京都町田市金井1-21-14
☎042-734-5944　URL　http://milano-auto.com/

安藤　61年か62年の最終型です。外装はリペイントされてますが、中身はほぼフルオリジナルですよ。

徳大寺　淡い色でまとめられた内装がいい感じだね。

松本　サイドウィンドウに雲形定規みたいな形のバイザーが付いてますが？

安藤　あれのおかげで、三角窓がなくても走っていれば風が入ってくるんですよ。

徳大寺　ほう。うまくできてるんだな。

安藤　シングルキャブなので、トルクがあって乗りやすいですよ（といいながらボンネットを開ける）。

松本　昔のクルマはえらく整備性がいいなあ。シリンダーブロックもエキマニも、鋳肌がきれいですね。

安藤　当時のイタリアの鋳造技術は進んでたんでしょうね。エンジンマウントのパーツもアルミ製だったり、細かなビスまで真鍮製だったり、作りは金がかかってますよ。

松本　プラグは純正指定の〝ロッジ〟ですか？

安藤　いいえ、ＮＧＫです。現代のガソリンは揮発性が高くなっているので大丈夫だけど、昔、有鉛ガソリンの時代はロッジを使うとすぐカブっちゃって。

徳大寺　そう。ホントにカブるんだよな、これが。

安藤　今思えば、あれは燃料が濃すぎたんでしょうね。アウトストラーダあたりをブッ飛ばすセッティングのまま日本で走らせたら、そりゃカブるって。

徳大寺　まったくだ（笑）。

松本　ジュリエッタの部品はあるんですか？

安藤　７５０系と呼ばれる前期型はいささか不安ですが、これを含めた後期型の１０１系ならありますよ。

徳大寺　オーバーヒートなどしませんか？

安藤　ちゃんと整備していれば、環七の渋滞でも絶対に大丈夫です。

担当　で、これはおいくらなんでしょう。

安藤　２５０万円くらいですね。

松本　こっちにはジュリアスーパーがありますよ。

安藤　それは伊藤忠（新車当時の輸入代理店）ものです。

徳大寺　このグリーンはよく見かけた色だな。そして伊藤忠ものは右ハンドルが多いんだよ。

安藤　８割方がそうじゃないですかね。

松本　おや、ＡＴじゃないですか。

安藤　前オーナーのリクエストで、15年ほど前にスワップしたんですよ。ＡＴは２０００ベルリーナ用で、エンジンも１７５０に載せ替えてあります。

徳大寺　ほう。ＡＴのトラブルはないですか。

安藤　ＺＦの３速は丈夫だから、ＡＴは問題ありませ

古いアルファは今が買いどき。車両のレベルは底上げされたし、しかも価格は10年前より100万は安いんじゃないかな
いままで日本で認知度が低かったジュリエッタですが、じつはジュリア系よりもクオリティが高いんですよ
これもいいクルマだ
昔のクルマはしっかり作られていたってことだな
うあー、メーター周りがカッコいいなー。室内の配色なんかはアメ車の影響も感じられますね
58年型ジュリエッタ750スプリント。ジュリエッタは堺正章さんがラ・フェスタ・ミレミリアで乗ってたことから人気急上昇！、

ん。渋滞にハマると、エンジンがちょっとヒート気味になりますが。

担当　これはおいくらですか？

安藤　200万円前後ですね。

松本　このボディカバーがかけられているのは、ジュリエッタ・スプリントですか？

安藤　（カバーをとりながら）これは売り物じゃなくて私のです。アハハ。58年の750スプリントです。

担当　カッコイイなあ。後ろから眺めた姿が、どことなくブレラに通じるものがありますね。

徳大寺　というか、ブレラがこのイメージを取り入れてるんじゃないかな。

担当　なるほど。逆なんですね。

松本　赤と白のツートーンのシートがいい感じですね。室内の調度品の造形なんかも、すごく凝ってるし。

安藤　でも、日本でジュリエッタが認められるようになったのは、ここ数年のことなんですよ。〝ラ・フェスタ・ミレミリア〟なんかで有名人が乗ったりして知られるようになったんですが、それまでは不当なほど評価が低かったんです。

松本　やっぱり人気はジュリア系だったんですか？

安藤　そうです。まあ、タマ数が違いますから、今でもビジネスとしてはジュリア系が主体ですけどね。でも、クオリティはジュリエッタのほうがいいですよ。私がこれを言ってはマズイんだけど（笑）。

松本　ジュリエッタでもスパイダーはどうなんですか。

安藤　高いですよ。堺正章さんが乗ったことで、知名度、人気ともに上昇しましたから。

担当　そんなもんですか？

安藤　そんなもんです（笑）。

担当　ところで、僕のような初心者が古いアルファに乗ってみたいと考えるのは、無謀でしょうかね？

安藤　そんなことはないでしょう。昔はパッと見はきれいでも中身はグズグズのクルマがありましたけど、いまではそういうのはほぼ寿命を全うして淘汰されてますから。10年前と比べたら車両のレベルは底上げされてますよ。しかも価格は下がってるし、これも10年前と比較すると100万円は安いんじゃないですか。

松本　ネットの普及などによって、部品も手に入れやすくなってますしね。

安藤　ええ。ただし現在流通しているものの多くは再生産品なんですが、品質があまりよくないんですよ。値段が安いから仕方がないのかもしれませんが。

松本　日本車なんかに比べたら、手に入るだけでありがたい気がしますけど。

安藤　アルファ、とくにジュリア系は頑丈なクルマですから、きちんと手入れさえすれば長く乗れますよ。

徳大寺　それだけ昔のクルマはしっかり作られてたってことかな。今のクルマが20年、30年経ったら、おそらくこうはいかないよ。

松本　そうですね。

徳大寺　いやあ、今日は興味深い話をいろいろ聞かせていただきました。どうもありがとうございます。

安藤　こちらこそ、ありがとうございました。

「ミラノオートサービス」を後にした一行は、そこからほど近い安藤さんお薦めのインド料理屋でランチ。おいしいカレーとナンをいただきながら、巨匠のアルファ談義も舌（絶）好調！

松本　巨匠がこれまでに所有されたアルファのなかで、いちばん印象に残っているのはなんですか？

徳大寺　やっぱりアルフェッタかな。

松本　最初に出た、1・8ℓのベルリーナですよね？

徳大寺　そう。2年間で3万kmくらい乗ったかな。後からジウジアーロが手がけたGTが出たんだが、あれもカッコよかった。

松本　アルフェッタ系はトランスアクスルなので、ハンドリングはいいけれど駆動系にガタがきやすいと言われてましたが、どうでしたか？

徳大寺　たしかにトランスミッションの傷みが早かったような気がする。でも俺、75がベースのSZ（ES30）も買ったんだよな。

松本　ザガートならではの際立ったフォルムだけで勝負、みたいなクルマでしたよね？

徳大寺　うん。

松本　ボディがまるで出来のよくないキットカーみたいに最初からベコベコで、僕が乗ったヤツなんて、新車同様なのに天張りが剥がれてきちゃいましたから。

一同　ワハハハハハ（爆笑）。

松本　まあ、そういういいかげんな作りのアルファも、あれを最後になくなりましたけどね。

徳大寺　でもあれ、意外に乗り心地がよかったんだぜ。

松本　ああ、そうでしたね。

徳大寺　そういえば、俺が初めて参加した国際試乗会って、アルファ33だったんだよな。

松本　ということは、83年ごろですか？

徳大寺　うん。日本から呼ばれたのは小林彰太郎さんと俺だけで、しかもカミさん連れで、場所はベニス。あれは楽しい旅だった。

松本　なんだかんだで、アルファとは縁が深いですね。

徳大寺　そうかもしれない。ところでアルファの話をしていて思い出したのだけれど、アルファが出てくる昔の映画で、もう一度見たいのがあるんだよ。

松本　タイトルは？

徳大寺　なんだっけなあ、とにかくすごく珍しい、ピニンファリーナ・ボディの6C2500SSが出てくるんだよ。

松本　戦後型のやつですか。

徳大寺　そう。あれのうちでも一般的なのはトゥーリング・ボディで、ピニンファリーナのは希少なんだ。

担当　（心の声）……わかんねーよ。いくら尊敬する巨匠の話でも、そんなマニアックなネタは……。

徳大寺　あ、思い出したぞ！『高校三年』（注）だ!!

松本　残念ながら知りませんね。

沼田　（心の声）……舟木一夫の『高校三年生』をモチーフにした同名の歌謡映画なら知ってるけど、そんなこと口にしたら間違いなく場の空気が凍るな……。

松本　巨匠はホントに映画をよく見ておられますね。

注）**【高校三年】**ローマのある高校を舞台にした青春映画。1954年、イタリア。

徳大寺　好きなだけだよ。そうだ、ピニンファリーナ・ボディといえば、ローマでバス待ちをしていて、これもすごく珍しいランチア・アウレリアのオープンに遭遇したこともあったな。

松本　へえ。

徳大寺　めったに見られないクルマだから、運転手に話しかけたんだけど、彼はイタリア語しか話せないし、こっちはこっちでイタリア語はほんの片言だから、コミュニケーションを取るのに苦労したよ。

松本　でも、クルマ好き同士でなんとか通じたとか？

徳大寺　そうなんだ。どうにか聞き出したところによると、結婚式のパレード用に使ってるらしくて、それで運転手付きだったんだな。そうこうするうちにすっかり打ち解けて、彼が運転させてくれたんだよ。

松本　ランチアだから、右ハンドルですか？

徳大寺　さすがによく知ってるな。右ハンドルのコラムシフトだった。で、そこらをひとまわりしたあと、彼が「お前、運転うまいな」とほめてくれたよ。

松本　イタリア人がほめるということは、相当うまかったんでしょう。彼らは自分がいちばんうまいと思ってますから。

徳大寺　20年以上前の話だけどな。

鶴川
インドカフェ アバンティ
寿司
コンビニ
P
薬師池
町田
今井谷田
山崎団地
ミラノオートの帰りに ぜひ！ 美味しいカレーであった。
1ケ月もワレワレはどこへ取材に行くんですかー？
尊敬する巨匠にほめられた
もう死んでもいい
つぎは名前を覚えてもらおっ
ほほー、キミはフランス文学科なのか
意外とインテリなんだな
気に入った！ この連載のためなら1ケ月ぐらい家を空けてもいいよ
キャトルに乗ってるのはダテじゃなかったのね
カレーに巨匠も満足！巨匠にほめられて担当シオミも満足！
ハッピーなランチであった

ツアー第03回

ミュージアムは懐メロ

〝たまには博物館巡りもいいんじゃないか〟という巨匠の〝思いつき〟を大事にし、今回は趣向を変え、巨匠にとって最も思い入れの深い国産メーカー、トヨタがつくった「トヨタ博物館」を訪問しました。

欧米車編

トヨタ・アルファードを駆り、一路東名を西に向かった徳大寺巨匠以下ツアー隊一行。約5時間後には愛知県長久手町のトヨタ博物館に無事到着、休憩もそこそこに、本館2Fの欧米車展示から見学を開始しました。

徳大寺　おお、ドラージュ（D8－120／1939年）だ。

松本　フィゴーニ（コーチビルダー）のボディは独特ですね。

徳大寺　このブルーもいい色だな。

松本　しかし、フロントにまでスパッツが付いていて、ハンドルが切れるのかな？

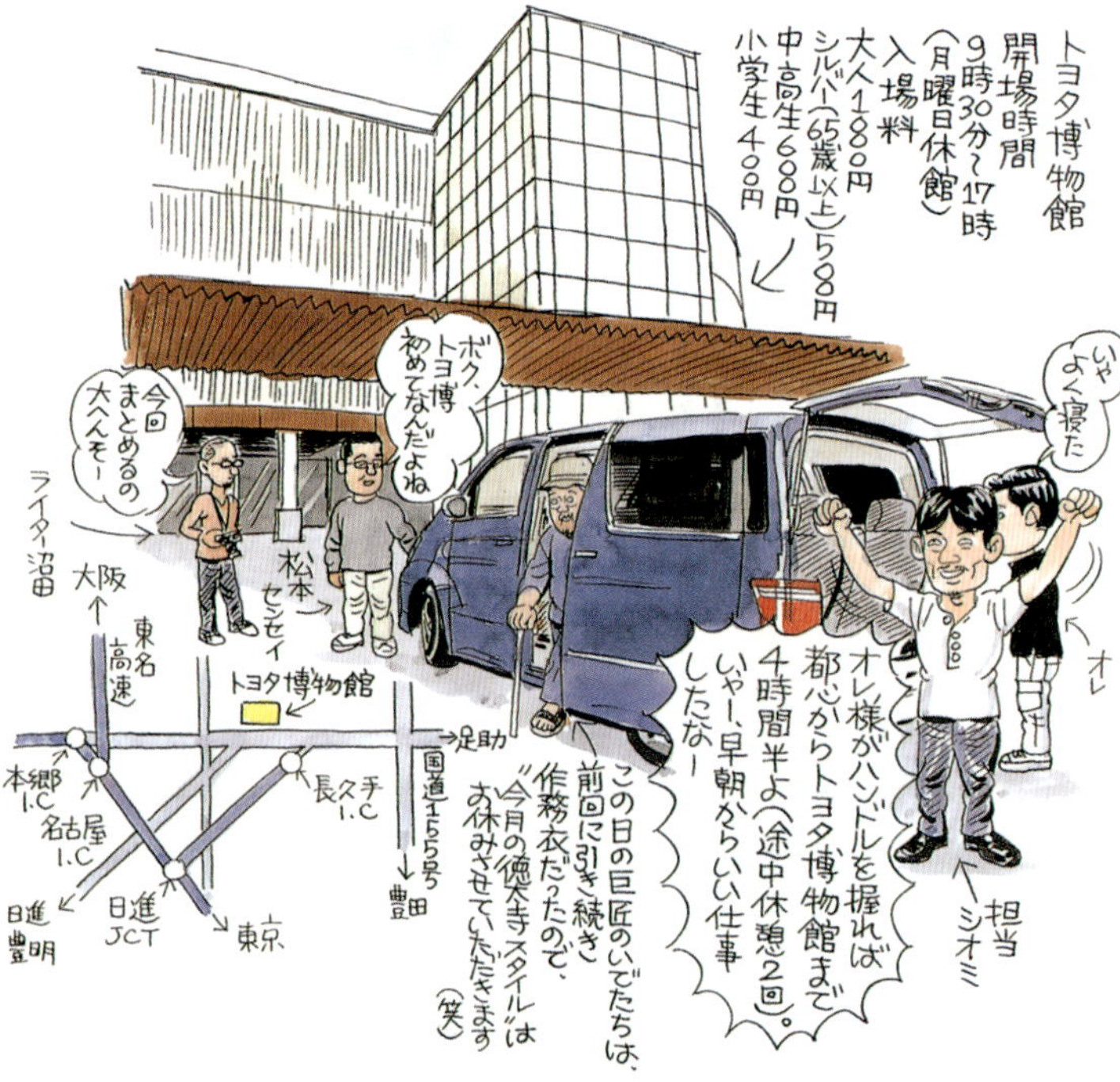

徳大寺　ちょこっとは切れるだろうよ。まあ世田谷の裏道を走るわけじゃないから、それでも困ることはないんだろうな（笑）。

松本　エンジンはストレート8ですか。一度運転してみたいなあ。

徳大寺　たぶん恐ろしくハンドルが重いぜ。

松本　ハンドルといえば、これは右ハンドルなんですね。

徳大寺　戦前の高級車は右ハンドルが多いんだよ。一説によると、運転手が右側に座っていたほうが、後席のドアを素早く開けられるからだそうだが。

担当　初めて見たけど、恐ろしくエレガントですね。

松本　っていうか、エレガントを通り越してデカダンな香りが漂ってるよね。

徳大寺　このキャデラックV16（30年）も、なん

世田谷の裏道は走れんぞ
テレサ・テンの「つぐない」ですかね
スパッツでタイヤを隠すと綺麗だな！
ん！デカダンな香り♡
ドラージュ
タイプD8-120（1939年）
フランスの超一流コーチビルダー、
フィゴーニ＆ファラッシの作品

シオミくん、仕事忘れて素人になってるよ
画伯、アルファをバックに巨匠との2ショットをお願いします
後ろ姿の美しさに溜息が出ちゃう
俺が選ぶ懐メロナンバーワンはコレだ！
アルファロメオ6C 1750
グランスポルト（1930年）
曲でいうと夏木マリの「絹の靴下」ですかね

ヴィットリオ・ヤーノの傑作。スーパーチャージャー付き6気筒DOHCの
軽快なエンジンで、ミッレミリアをはじめ数々のレースで活躍

ともいえないいい色合いだね。

担当　なーるほど、数年前に出たキャデラックのコンセプトカー、シックスティーンはまさにこれをモチーフにしてたんですね。

松本　知らなかったの？　しょうがないなあ。

徳大寺　V16もそうだけど、戦前のキャディの大きなトピックといえば、１９１０年代に世界で初めてセルフスターターを装備したことだろうな。

松本　そうですね。クランク掛けの危険性から解放された意義は大きいでしょう。

担当　エンジン始動ってそんなに危なかったんですか？

徳大寺　ああ。キャディがセルを開発したのも、創業者の親友がケッチン（クランクハンドルの反動）をアゴに食らって亡くなったのがきっかけと伝えられてるくらいだから。

担当　エンジンをかけるのも命がけだったんですね。あ、これダジャレじゃないですよ。

一同　……。

徳大寺　キラ星のようなクルマが並ぶこのフロアだが、俺のナンバーワンはこれだな。アルファ・ロメオ１７５０Ｃグランスポルト（30年）。

松本　タツィオ・ヌヴォラーリが、ミレミリアで伝説的な逆転勝利を飾ったマシンですよね。

徳大寺　そう。ザガート・ボディの後ろ姿が、抜群に美しいんだ。溜息が出ちゃうよ。

松本　ぐっと大衆的になるけど、ミレミリアといえばフィアット・トッポリーノこと５００Ａ（36年）も忘れちゃいけませんね。お金はないけど熱い心を持った人たちが、大挙してこれで出場したんでしょう？

徳大寺　そうだな。ちっぽけだけどエンジンは水冷4気筒だし、ブレーキは4輪油圧式といったぐあいに、当時としては進歩的な設計だったのだから。

松本　さすがダンテ・ジアコーザの作ですね。

徳大寺　それに俺にとっては、生まれて初めて運転した外車でもあるしな。オヤジの親友が持ってて、よく貸してくれたんだ。今になって思えば、よくあんなパワーのないエンジンで走ったな。現代の東京なんかじゃ、とても危険で乗れないぜ。

松本　お言葉を返すようですが、サイドバルブに代えてＯＨＶエンジンを与えられた戦後型なら、けっこう走りますよ。もちろん実用には厳しいけれど、日本でもヒストリック・イベントなんかには参加してますから。

徳大寺　ほう。そう言われるとちょっと乗ってみたくなるな。

担当　いったいどんなものか、僕も一度乗ってみたいですね。

松本　じゃあ今度、古いクルマの運転を教えてやろうか。

沼田　うんと厳しく仕込んでやんなよ。

担当　お手柔らかに……。

国産乗用車編

見学順路に従って、本館３Ｆの日本車展示へ。ほとんどの展示車両にリアルタイムで触れた体験があるだけに、巨匠のコメントも尽きることがありません。さながら名著『ぼくの日本自動車史』のライブ版の趣でした。

徳大寺　トヨタの創業者である豊田喜一郎って人は、相当なクルマ好きだったんだろうな。よく知られているように第一号車のＡＡ型（36年）はクライスラーのエアフローをお手本にしてるんだけど、エアフローっていえば、当時アメリカでも最先端のモデルだぜ。

松本　日本でも組み立てられていたフォードやシボレーよりカッコいいクルマを作りたかったんですかね。

徳大寺　おそらく。エアフローは進みすぎていてビジネス的には失敗に終わったわけだが、喜一郎はやがてやってくるであろう流線型の流行に着目していたんだろうよ。

松本　流線型といえば、トヨタの戦後型第一号であるトヨペットＳＡ型（47年）もそんな感じですね。

徳大寺　ＳＡは当時の日本の状況を考えたらものすごく進歩的なモデルだよ。バックボーンフレームに4輪独立懸架、エンジンこそサイドバルブだけど、ギアボックスはトップファッションだったコラムシフトだからな。

松本　たしかに終戦後2年しか経ってない１９４７年のモデルとすれば、めちゃめちゃモダンですね。

徳大寺　そうだろう？　当時のヨーロッパの水準と比べても、遜色ないどころか進んでたくらいだから。ところが悲しいかな、モータリゼーションなど夢のまた夢だったその頃の日本の状況では受け入れられず、この次からはトラックシャシーに不格好なセダンボディを載せたモデルに逆行してしまうんだ。

松本　隣にあるトヨペット・スーパーＲＨＮ型（53年）とかですか？

徳大寺　ああ。頑丈なだけが取り柄の、前後リジッドアクスルのタクシーキャブ。エンジンだけは初代クラウンにも積まれるＯＨＶに進化していたけどな。それまでのサイドバルブに比べたらパワーは格段に上がったが、それを武器に乱暴な運転で悪名高い〝神風タクシー〟が誕生したんだよ。

担当　へえ、勉強になるなあ。

徳大寺　このヒルマン・ミンクス（53年）も懐かしいな。学生時代にバイトして買った、最初のクルマだよ。タクシー上がりのポンコツだったけど、手に入れたときはうれしかったなあ。

松本　燃えちゃったってやつですか？

徳大寺　そう。なにしろ金がなかったからさ、「ガソリン入れてやるから」って言葉に負けて仲間を乗せて多摩川あたりに行ったところ、燃料ポンプからキャブにいくホースからガソリンが漏れて発火し、目の前で全焼。

松本　おまけに火を消そうとして、一張羅のジャケットまでダメにしちゃったんでしょう。

徳大寺　よく知ってるじゃないか（苦笑）。ダットサンも思い出深いな。実家にクロスレー（アメリカのコンパクトカー）を真似たＤＢ－２型ってのがあって、高校時代、どこに行くのも乗っていったよ。

担当　50年代に高校生の身分でクルマを乗り回してたなんて、巨匠は相当な不良少年だったんですね。

徳大寺　そうかい？　まあ、生意気ではあったろうけどな。

松本　スズライトＳＬ（57年）は、往年のドイツのロイトとかゴリアートみたいですね。

トヨペット スーパーRHN型（1953年）
当時のヨーロッパ車と比較しても負けてないですよね
このあと不格好なセダンボディに逆行してしまったのは悲しいことだ
トヨペット SA型（1947年）

徳大寺　そりゃ当然だよ。2ストロークエンジンの前輪駆動という基本レイアウトからスタイリングまで、ロイトをお手本に作られたんだから。ちなみに、スズライトは日本初のＦＦ車でもあるんだ。

ちょっと似てるだろ(笑)
これ、アストンマーティンですか(苦笑)
スズライトSL型
(1957年)
「国民車構想」が出された
直後に登場した本格的軽自動車。
小型ながら大人4人が乗ることができた。

松本　それにしても不格好ですね。

徳大寺　でもこれ、後ろから見るとファストバックで、ちょっとアストンみたいだぜ（笑）。

担当　ファストバック……アストン……ですか？

松本　ジョークだよ。マジに受け取るなって。

沼田　そんなことがわからないようじゃ、まだまだピンで巨匠を担当するのは無理だな。

徳大寺　そういじめなさんな。彼はなかなかよくやってくれてるんだから。

担当　あっ、ありがとうございます（感涙）！

徳大寺　ところで、初代パブリカ（61年）ってのは傑作だと思うな。

松本　トヨタらしからぬ質素な、というか非常に合理的な設計ですよね。

徳大寺　うん。で、図体の割に太いタイヤを履いてるだろ？　あまり語られることはないが、タイヤが太いってのは、当時としてはけっこうすごいことだったんだよ。

松本　なんとなくわかります。たしかに日本車は、長らくタイヤに関してはケチってましたものね。

徳大寺　そう。パブリカの数少ない欠点は、エンジンが空冷だからヒーターの効きが悪いこと。冬場は寒かったな。

松本　オプションで燃焼式ヒーターがあったと聞いてますが。

徳大寺　あった。でも、これが臭うんだよ。まあ寒いのを我慢するか、石油臭いのを我慢するかどっちかだな。

松本　ぜいたくはいえませんよね。

徳大寺　その先にあるマツダのR３６０クーペ（60年）も可愛いな。

松本　あれは日本の工業デザイナーの草分け的存在である、小杉二郎氏の作品ですよね。

徳大寺　ああ。小杉さんって人は、たいしたデザイナーだと思うよ。同じく彼が手がけたマツダのK３６０なんて、軽三輪トラックだけどものすごくスタイリッシュじゃないか。

松本　たしかに。ミドシップでエンジニアリングの面でもユニークでしたしね。

徳大寺　設計を含めたデザインという意味では、軽の中ではやはりスバル３６０（58年）が一頭地を抜いていたけどな。あれを設計した百瀬晋六さんはすごいエンジニアだよ。

松本　スバル３６０こそ、ヨーロッパの水準を抜いてたんじゃないですか。

徳大寺　うん。どこに出しても恥ずかしくない、当時の日本車としては希有なクルマだな。

担当　巨匠が第2回日本グランプリで乗られたコロナ（60年）があるじゃないですか。

徳大寺　これはエンジンが１ℓだった最初の型。俺が乗ったのは後から出た１５００だけどな。

松本　実際の話、どの程度チューンされてたんですか。

徳大寺　ほとんどなんにも。せいぜいシリンダーヘッドを面研して、圧縮比をちょっと上げたぐらいじゃないか。

松本　ということは、シングルキャブの3速コラムシフト？

徳大寺　そう。ベンチシートのまま。

担当　タクシーでレースしてたようなもんですね。

徳大寺　まったくだ。

国産スポーツカー編

すっかり昭和にワープしてしまったツアー隊一行のテンションをさらに高めたのは、日進月歩で進化していた60年代日本の自動車技術の粋を集めたスポーツカー

群。巨匠が語る、華麗なスタイリングに秘められた数々のエピソードに、隊員一同は半ば時の経つのも忘れて聞き入ったのでした。

徳大寺　おお、初代シルビア（66年）じゃないか。これは美しいクルマだったよなあ。ドイツ人デザイナー、アルブレヒト・ゲルツの作だっけ？

松本　と言われてましたが、実際はゲルツはアドバイザーで、日産の社内デザインだという説もあります。

徳大寺　ほう。

担当　シルビアってこんなにおしゃれだったんですか。お金もかかってそうですね。

徳大寺　うん。ほとんどハンドメイドで、当時のクラウンやセドリックより高かったんだ。

松本　巨匠、トヨタ2000GT（67年）はどうですか？

徳大寺　正直言うと、あまりいい印象はないんだよな。特に前期型は優美な姿とは裏腹にエンジンはうるさいし、ステアリングは重いし、ブレーキは利かないし……後期型になると、そうした欠点はかなり改善されてたが。同時代の国産スポーツカーなら、フェアレディ2ℓを積んだSR311（67年）、あれは速かった。

松本　ホントに200㎞／h近く出たんですか？

徳大寺　出た。シャシーは旧式なラダーフレームだから、振動と騒音はスゴかったけど。あんなバンカラな

これも日本のスポーツカー史を語る上で欠かせないクルマだな。ライバルのS600とはまった考え方が異なるクルマ。車重も確かS600より100キロ以上軽かったはず

トヨタスポーツ800 UP15型（1965年）
パブリカのコンポーネントを流用して価格をおさえながら、高速性能と低燃費を実現

クルマもそうないよな。

担当　コスモスポーツ（67年）は？

徳大寺　あれもやたら速かった。当時はリミッターなんてないからさ、アクセルを踏んでいくと「キュイ〜ン」と際限なく回っちゃう感じで。いっぽう、そこからアクセルを放してもまったくエンブレが利かないんだ。ありゃ怖かったね。

松本　速いといえば、レーシングカーだけど、このトヨタ７（70年）なんて60年代の究極の一台じゃないですか。

徳大寺　そうだな。

松本　しかし、技術進化の速度は恐ろしいほどですね。巨匠が出た64年のグランプリには、シングルキャブの直４ＯＨＶエンジンを積んだセダンしか持ち駒がなかったメーカーが、それから5年かそこらでＶ８ＤＯＨＣ５ℓターボを積んだモンスターマシンを走らせてたんだから。

徳大寺　まったくだ。トヨタ7ターボは８００馬力で、コロナの10倍以上だものな。そのぶん犠牲も少なくなかったはずだよ。

担当　さて、本館の展示はそろそろ終わりですが、巨匠、いかがでしたか。

徳大寺　いやあ、何度来てもミュージアム見学はホントに楽しいな。俺にとってミュージアムは懐メロみたいなものでさ、古いクルマを見ると、その頃の自分を思い出すんだ。それがたまらなくいいんだよ。

担当　「ミュージアムは懐メロ」ですか。さすがにうまいことをおっしゃいますね。今回のタイトルにいただきます！

バックヤード　外国車編

バックヤードは、ツアー隊にとってはまさに禁断の園。学芸員の山田耕二さんのガイドで、まずは外国車を中心に収めたヤードに足を踏み入れた一行が、そこで目にしたものは……。

松本　おっ、いきなりホルヒですか。

徳大寺　１９３９年式８５３Ａか。５ℓのストレート８を積んだ、メルセデス５４０Ｋのライバルだった高級パーソナルカーだな。

山田耕二（敬称略、以下山田）　さすがですね。ドイツ人は別として、ホルヒに反応するお客さんは少ないんですよ。

松本　戦前の高級車ですから、いかにドイツ車好きの日本人といえども一般的な知名度は低いでしょう。

山田　グリルに付いてるフォーリングズを見て「アウディ？」とは思うみたいですけどね。

担当　ぶっちゃけアウディの先祖なんでしょう？

沼田　まあそうだけど。

徳大寺　隣にあるバリアント（60年）も、今となっては珍しいな。

山田　59年の秋にビッグ3から一斉に登場したコンパクトカー、フォード・ファルコンとシボレー・コルベア、そしてこのクライスラーのバリアントは、やはり自動車史的に外せないだろうと思いまして。

徳大寺　その意味では、これも重要だよ。チシタリア202（47年）。

担当　これってMoMA（ニューヨーク近代美術館）に永久保存されているのと同じですよね？

松本　そう。ピニンファリーナの傑作のひとつといわれている。

山田　このクルマは、チシタリアの創立者であるドゥシオの息子が48年のミレミリアで4位に入賞した個体だそうなんです。

徳大寺　ほう。

中日新聞社から寄贈されたクルマで、パレード用でした。若貴兄弟や星野監督もパレードでこれに乗りましたよ
ボクも乗ってたよ
若貴
星野仙一
そういえばこんな仲良しのころもありました(笑)
マーキュリー クーガー（73年）
さすがに濃い面々が乗ってますね

独特なリアウィンドウのデザインがヘンリーJの特徴なんだ
巨匠、このマスコットは今だったら認可がおりないっスよねー。後ろから追突されたら突き刺さりますもん
ヘンリーJ（51年）

松本　展示車両にはコンディションだけでなく、そうしたヒストリーも大事ですよね。

徳大寺　このスチュードベーカー・コマンダー（49年）は、アメリカの雑誌が登場時の紹介記事で「行くか来るか」という見出しを付けたんだよ。

松本　なるほど。どっちが前だかよくわからい、ということですね。昔の列車の展望車みたいなリアウィンドウは数枚に分割されていて、当時はこれを一枚ガラスでやるのは無理だったことがよくわかります。

徳大寺　これはレイモンド・ローウィがスタイリングを手がける前のモデルだよな？

山田　そうですね。ローウィの作ということでは、あちらにアヴァンティがあります。

徳大寺　これも懐かしいな。コマンダーと同時代の、同じくマイナーなブランドのコンパクトカーであるヘンリーJ（51年）だ。

担当　実車を見るのはもちろん、車名を聞くのも初めてです。どこで作ってたんですか。

山田　カイザー・フレイザーです。

松本　後にウィリスを買収してジープなどを作っていたメーカーですね。

山田　そうです。

徳大寺　そこの社長の名がヘンリー・J・カイザーだったんだよ。自分の名を付けるくらいだから、相当に気合を入れて作ったんだろう。しかし、そこは弱小メーカーの悲しさでビッグ3の牙城は崩せなかったんだ。

山田　数は少なかったものの、三菱でノックダウン生産されたんですよね。

徳大寺　そう。日本でも2ドアしかなかったことが災いしてセールスは芳しくなかったんだが、実家にあったシボレーと比べたら、はるかにスタイリッシュで憧れたもんだよ。

担当　巨匠とアメリカ車の取り合わせは意外な気もしますが、昔は馴染んでいたんですね。

徳大寺　僕らの世代は、クルマに限らずアメリカ文化の洗礼を受けて育ってるからな。このマーキュリー・クーガー(73年)なんて、一時期実際に乗ってたし。オープンじゃなくてクーペのほうだけど。

担当　ますますもって意外ですね。

徳大寺　亡くなったカメラマンの早崎治って知ってる?

松本　東京オリンピックのポスターで知られる、有名な広告写真家ですよね。ミニクーパーでレースに出てたりもした。

徳大寺　そう。クーガーは友人だった彼から譲り受けたんだよ。

山田　このクーガーは中日新聞社から寄贈されたんですよ。大相撲の名古屋場所や中日ドラゴンズの優勝パレードなどに使われていたクルマなんです。

松本　アメ車ついでといってはなんですが、このコード８１０（36年）もカッコイイですね。

徳大寺　しかも4ドアじゃないか。これは非常に珍しい。

担当　これ、もしかしてリトラクタブルライトなんですか?

松本　うん。おそらく世界初の。ちなみに駆動方式はＦＦだよ。

担当　へえ、進んでたんですねえ。

松本　進歩的といえば、このシトロエンＤＳ19もすごいよ。初代クラウンと同じ55年生まれながら、ハイドロに前輪ディスクブレーキを備えてたんだから。

徳大寺　たしかに。でも、シトロエンなら俺は２ＣＶ（53年）のほうが個人的には好きなんだよな。

松本　これを含めた初期型２ＣＶは、ワイパーの速さがスピードメーターケーブルに連動しているんですよね。スピードが上がるとワイパーも速くなる。

担当　合理的といえば合理的ですね。

松本　それにハンモック式のシート。簡単に取り外してピクニック気分が味わえる。そういえば、以前に巨匠がおっしゃってましたよね。いろんなクルマに乗ったけど、いちばん女性ウケがよかったのは２ＣＶだったって。

オーナーだった
石原裕次郎さんは
『乗りにくくて嫌い』って
言ってたな
うあー、
やっぱメチャメチャ
作りがいいですね
乗り降りが
ラクなように
ハンドルが
折れる仕組み
チェックの
シートは
メルセデスの伝統
今では
めずらしい
ノックオフ式の
ホイール
メルセデス ベンツ
300SL（55年）

徳大寺　うん（笑）。

担当　NAVIのキャトル（注1）も似たような存在だと思うんですが、あまりウケないなあ。

沼田　それは乗り手の問題なんじゃ……。

松本　これもDSとほぼ同時代ですね。ガルウイングのメルセデス300SL（55年）。

徳大寺　世界初のガソリン直噴だろ？　進んでたんだよなあ。とはいえまだ実用性には乏しかったようで、この後に出たオープンの300SLではポート噴射になってしまうが。

松本　そうですね。でもこれ、どこを見てもめちゃくちゃ作りがいいのに感動しますよ。

担当　当時のスーパースターが愛したクルマですよね。力道山とか、石原裕次郎とか。

徳大寺　そうだな。でも後年になって裕次郎さんに聞いたところ、「カッコはいいけど、乗りにくくて大嫌いだった」と言ってたよ。

松本　へえ、そりゃ初耳ですね。おっ、サーブ92じゃないですか。

山田　それはサーブのミュージアムから寄贈していただいたんですよ。以前にこちらを訪れた輸入代理店の方が、サーブの展示車がないので本社から1台贈らせ

注1）**【NAVIのキャトル】** 取材当時、担当シオミが長期リポートしていたルノー・キャトルのこと。

ます、と手配してくださって。

松本　いい話ですね。

徳大寺　これ、中身はDKWのマイスタークラッセをお手本にしてるんだよな。

松本　ええ。2ストローク2気筒エンジンによるFFで。これに限らず、旧東独のトラバントやウォルトブルク、日本のスズキ・フロンテ800など、DKWをお手本にした小型FF車は多いですね。

山田　なんでもサーブが生まれた当時、スウェーデンでもっともポピュラーな小型車がDKWだったそうですよ。

今日のオレの一番はパーマン1号…じゃなくてアバンティだ。カッコイイなぁ
レイモンド・ローウィが手がけた最後のスチュードベーカー
担当シオミ
アバンティ（63年）

担当　へえ。ところで隣にあるカッコイイのはなんですか？

松本　さっき話に出た、レイモンド・ローウィが手がけたスチュードベーカーの最終作、アバンティ（63年）だよ。

徳大寺　これはスチュードベーカーが倒産したのち、有志によって設立されたアバンティ・モーターによって連綿と作られていたんだよな。

松本　そうですね。パワートレーンが変わって、最終的には角目になったりしましたが、たしか数年前まで作られていたはずです。

担当　じゃあ今でも手に入れようと思えば入るかもしれないんですね。いいなあ、これ。むちゃくちゃカッコイイじゃないですか。今日のオレのナンバーワンですよ。

松本　そう？　顔つきはパーマン1号みたいだけど。

担当　パーマンって……。

バックヤード　日本車編

バックヤードに並んだ欧米の名車の数々を目にして、一段と血中エンスー濃度が高まったツアー隊一行。その盛り上がりはいっこうに衰えないまま、最後に残された日本車中心のヤードに向かいました。

徳大寺　この初代クラウンはマイナーチェンジ後のやつ（RS21、60年）だね。たしかこれからオーバードライブが付いたんじゃなかったっけ？

山田　おっしゃるとおりです。ちなみにこれは所蔵車のなかで唯一のナンバー付き車両なんですよ。
松本　しかも「愛5」のシングルナンバー付き。これは貴重でしょう。
担当　ナンバーの書体も今とはだいぶ違いますね。
沼田　おお、クラウンエイト（66年）があるぞ。
担当　うわっ、すごく平べったいですね。
沼田　なにせ全長4・7mちょっとなのに、全幅は1・8m以上あるから。
徳大寺　トヨタが初めてジャーナリスト向けの試乗会をやったモデルが、64年登場のエイトだったんだ。
松本　場所はどちらだったんですか。
徳大寺　千鳥ケ淵にあったフェアモントホテル。
松本　じゃあ試乗コースは皇居一周ってとこですか。
担当　話は変わりますがこのピアッツァ、なんか小さい気がしませんか？
松本　よく気づいたね。これはイタルデザインによるプロトタイプのアッソ・ディ・フィオーリ（78年）なんだよ。生産型よりひとまわり小さくて車高も低いんだ。
担当　それで一層シャープな感じなんですね。しかし、なんでここにあるんですか？
山田　いすゞさんからお預かりしてるんです。
徳大寺　しかし、カッコいいクルマだよなあ。でも、隣にあるミスター2（MR2、84年）もいいな。スタイルもいいし、乗った感じもミドシップらしいし、なんで買わなかったのだろうといまだに思うよ。
松本　買おうと思えば買えたはずなのに、なぜか縁がなかったクルマってありますよね。
徳大寺　まさにそうなんだ。あのTE27レビン（73年）なんかもその類いなんだが。
松本　TE27は懐かしいホイールを履いてますね。エンケイのラリーコンペ。
山田　純正ホイールと交換してくださるなら、喜んで差し上げますよ（笑）。
松本　純正の鉄チンがないんですか？

山田　残念ながらそうなんです。

松本　ホイールといえば、あのフェアレディZ432（70年）も、純正ではなくRSワタナベを履いてるのが惜しいですね。

山田　最近、純正のマグホイールを手に入れました。

担当　Z432って、当時A級ライセンス所有者にしか売らなかったそうですね。

徳大寺　そんなことはないよ。なにかの間違いだろう。

19インチタイヤはオートバイの前輪用ですね
富谷龍一さんが設計したクルマ。こいつはじつによく出来てる
フライングフェザー（55年）
こういう希少車の外装色は、部品と部品の重なり部分から出てきた元の色からオリジナル色を判断するそうだ

沼田　たぶんそれはレース用ホモロゲモデルのZ432Rのことだよ。肉薄鋼板、FRP製フードやアクリル製ウィンドウなどで軽量化されたモデルが30台ほど作られたんだ。

担当　そんなのがあったんですか？

松本　同じS20エンジンを積んだモデルなら、ハコスカのGT－Rのほうが好きだな。

山田　あれも欲しいんですけど、セダンの初期型はなかなかないですね。それと初代スカイラインも。

徳大寺　テールフィンのやつですか。

山田　ええ。後期型の4灯式は手に入れたんですが、前期型の2灯式は難しいですね。

沼田　プリンスマニアの間でも希少車だそうです。

松本　でも200台弱という生産台数からいけば、さらに希少車であるはずのフライングフェザー（55年）は、本館とここと2台もあるんですね。

徳大寺　後にフジキャビンなども手がけた富谷龍一さんが設計したフライングフェザーは、すごいよ。

山田　「最大の仕事を最小の消費で」というコンセプトが見事に具体化されてますね。レストアする際に見たんですが、シャシーなんかもカッコイイんですよ。単純なラダーフレームなんですが、機能美というか、設計者のこだわりが伝わってくるようで。それを来場者のみなさんにも伝えたくて、組み上げる前の状態で半年ほど展示しました。さてお見せできるのは以上なんですが、楽しんでいただけましたか？

徳大寺　いやもう存分に。

一同　ありがとうございました。

【トヨタ博物館　TOYOTA Museum】
愛知県長久手町大字長湫字横道41-100
見学・問い合わせ用☎0561-63-5155　URL:http://www.toyota.co.jp/Museum/index-j.html

ロータスからの詫び状

埼玉県内の老舗エンスー・ショップ2店を訪問しました。テーマは、言うなれば〝軽量〟。なかでも、エランとエスに対する巨匠の懐かしがりようには参加者一同、オドロキ。この日英ライトウェイトスポーツにまつわる巨匠のエピソードは枚挙にいとまがありません。

ツアー隊一行がまず向かったのは、埼玉県志木市にある「ガレージイワサ」。ホンダSシリーズ、そしてロータス・エランなど英国製のライトウェイトスポーツを得意とするスペシャルショップです。代表の岩佐三世志さんにお話を伺いました。

担当　本日はよろしくお願いします。こちらは、とくにホンダSシリーズのオーナーの間で評判の店と伺っ

こういうときに限って高級車を借りちゃったりするんだよなー
オーライオーライ
急に道幅が狭くなるなら手前で表示しろよなー
巨匠
ライター沼田
ウ〜
オレ
松本センセイ
担当シオミ
松本センセイくれぐれも擦らないで下さいよー
アウディ S8

ていますが、いつごろからやってらっしゃるんですか？

岩佐三世志（敬称略、以下岩佐）　ここで始めたのは、かれこれ20年以上前になりますね。昔、米山二郎（注1）っていうレーサーがいたでしょ？　彼のお父さんが東京の巣鴨で修理工場をやっていて、私はそこの出身なんですよ。

徳大寺　ほう。懐かしい名前だな。

岩佐　で、彼のオヤジさんが工場を畳むというので、何かしなきゃと思っていたら、たまたまこの場所が見つかって。

松本　ホンダSを主体にしたのは、やはりお好きだったからですか？

岩佐　というか、最初はSのお客さんしかいなかったんですよ。私もSに乗っていたから、ホンダツインカムクラブ（Sのワンメイククラブ）のメンバーに知り合いが多かったし。別にSだけにこだわっていたわけではないんですが。

松本　その後はロータス・エランなど英国製ライトウェイトスポーツも扱うようになったわけですよね。

岩佐　ええ。Sに限らず小さなスポーツカーが好きでしたから。エランなんかは、若い頃の憧れのクルマで

65年船橋サーキットにて
若き日の杉江博愛…いや、徳大寺巨匠。若々しいです！
巨匠
レーシングメイトのジャンパーは当時、若者の憧れだった
RACING MATE
VAN
19
式場壮吉さんといえば団塊世代以降には欧陽菲菲のご主人というイメージが強いが、日本のモータースポーツ草創期のトップクラスのレーサーであった
ブリティッシュグリーンのボディに黄色のストライプ。ホイールもオレンジに塗って、これぞ正にロータス エラン！

注1）【米山二郎】60年代から80年代まで長い間にわたって活躍したレーシングドライバー。ツーリングカーからフォーミュラまでなんでも乗りこなし、ルマンにも出場、クラス入賞した。

ほほー、懐かしいな
フルレストアのロータスエランは約600万円
エランといえば巨匠、故浮谷東次郎を乗せたレーシングメイトのレーシングエラン！

もあったし。

松本　当時、触れたことはあったんですか？

岩佐　いや、とても。米山二郎が船橋サーキットから借りてきたのを眺めたくらいで。今でもはっきり覚えてますけどね。

松本　船橋でエランといえば、巨匠の出番でしょう。今も伝説として語り継がれている1965年の船橋CCCレース（注2）で、故・浮谷東次郎を乗せたレーシングメイト（注3）のレーシング・エラン（26R）は、どういう経緯で日本に入ったんですか。

徳大寺　64年だったと思うけど、式場（壮吉）くんと鈴鹿サーキットにいたときに、当時日本にたしか1台しかなかったエランのオーナーがたまたま来ていて、運転させてくれたんだよ。そしたらこれがメチャメチャ速いんだ。

松本　26Rではなくて、スタンダードなエランですか。

徳大寺　そう。でも、軽く流しても2分50秒くらいで走っちゃう。これはその頃としては驚異的なタイムなんだよ。

沼田　第2回日本グランプリで優勝した式場さんのポルシェ904カレラGTSの予選タイムが、たしかそれぐらいでしたよね。

注2）**【CCCレース】**この年、中止となった日本グランプリに代わるビッグイベントとして船橋サーキットで開催された「全日本自動車クラブ選手権レース大会」。GTIクラスにおける浮谷東次郎の雨中の大逆転劇が伝説化している。
注3）**【レーシングメイト】**60年代に巨匠が経営していた総合カー用品メーカー。

徳大寺　うん。絶対的なタイムはともかく、感覚的には９０４より速く感じたな。

松本　ミドシップのレーシングスポーツである９０４よりエランですか⁉

徳大寺　なんたって小さくて軽いからな。６００㎏ぐらいだろ？　その走りっぷりに感動して、さっそく式場くんがロータスにオーダーしたんだ。

松本　普通のエランならともかく、26Rだと納車までにかなり時間がかかったんじゃないですか。

徳大寺　それが意外にも早くきたんだな。式場くんがピーター・ウォー（注4）と親しかったからだと思うけど。

沼田　それだけ速かった割には、あの26R、あまりレースに出てないように思うんですが？

徳大寺　そうだな。ＣＣＣのほかはたしか（生沢）徹を鈴鹿で乗せたのと、もう1レースぐらいしか走らせてない。あとはもっぱら我々が乗り回してた。

松本　街乗りでも問題なかったんですか？

徳大寺　ドライブシャフトのラバーカップリングを除いては。あれが初期のエランの弱点で、すぐ割れちゃうんだ。割れるとボディ全体がガタガタいうから、すぐにわかるんだけど。代理店だった東急商事まで何度もパーツを買いに行った覚えがあるよ。

松本　それで後のモデルではユニバーサルジョイントに変わったんですね。

徳大寺　「設計ミスで迷惑をかけて申し訳ない」というロータスからの詫び状を、どこかに取ってあったと思うな。

担当　そりゃすごいですね。しかし、エランってカッコイイだけじゃなくて、ホントに速いクルマだったんだなあ。で、エランの現在の相場はどれくらいなんでしょうか？

岩佐　このＳ２（シリーズ２）はシャシー、ボディのレストアが終わって、あとはエンジンのリビルド待ちなんですけど、すべて仕上げて６００万円というところです。

担当　それだけ手を入れたクルマだと、不安なく楽しめますか？

岩佐　それは難しい質問ですね。乗り手の要求するレベルによりますから。たまに「通勤にも使えますか？」というお客さんがいらっしゃるんですけど、ウチではそういう方には丁重にお断りしてます。乗りっ放しにはできないし、楽しむにはある程度腕も要るし。通勤にも使いたいなら、ＭＧＢあたりにしておいたほうが

注4）**【ピーター・ウォー】**60年代当時ロータスのセールスエンジニアだったが、ドライバーとして第1回日本グランプリにロータス23で出場して優勝。後にロータスＦ1チームの監督も務めた。

いいと、はっきり申し上げます。
徳大寺　おっしゃるとおりだな。
担当　（S600を見ながら）ところで僕、Sって乗ったことがないんですよ。ちょっと座ってみていいですか？
岩佐　どうぞどうぞ。
担当　これ、ボディサイズ（全長×全幅×全高＝3・3×1・43×1・2m）も排気量も今の軽規格（同3・4×1・48×2・0m）に収まっちゃうんですよね。でもドアを開閉したときの感じ、内装のつくり、そしてペダルやシフトのタッチなど、見るもの触れるものすべてがすごくしっかりしてるのに驚きました。
松本　なにしろホンダにとって初めての四輪車だから、小さいとはいえすべて専用設計だし、妥協がないんだよ。
沼田　逆を言えば、手の抜き方を知らなかったんだろうね。おかげですごく重くなっちゃったけど（車両重量は720kg！）。ガッチリしたフレームに、それだけでモノコックになりそうなぐらい頑丈なボディが載ってて。
岩佐　でも今になってみると、それだけ頑丈だったからこそSは生き残れたんですよ。フレームがしっかりしてるから、足まわりのブッシュ類とかを替えてやれば蘇るんです。
徳大寺　なるほど。しかしその車体に総アルミ製のDOHC4連キャブ、組み立てクランクにニードルローラーベアリングという凝りに凝ったエンジンだろう？

『エランを通勤に使えますか？』っておっしゃるお客さんには丁重にお断りしてます（苦笑）
『ガレージイワサ』代表 岩佐三世志さん
隣は工場
つい長居してしまいそうな居心地のいい店舗だ

発売当時の新車価格が50万9000円ってえらく割安だったんでしょうね
ホンダも儲からなかったと思うよ
頑丈そう
現在Sの相場は200万円前後から極上で400万円ほど
初めての四輪で、すべて専用設計だから妥協がないよね

これじゃホンダはさぞかし儲からなかったことだろうよ。

沼田　あそこに貼ってあるポスターに、S600の新車価格は50万9000円とありますね。空冷フラットツインを積んだ大衆車のパブリカが40万円前後だったことを考えると、破格のバーゲンプライスでしょう。

徳大寺　俺、新車でエスロク（S600）のクーペを買ったんだよな。本来クーペはロードスターより高かったんだけど、売れなかったからすごく値引きしてたんだよ。ホントはロードスターが欲しかったけど、金がなかったからクーペしか買えなかった（笑）。

担当　へえ。何色だったんですか？

徳大寺　白。2年ぐらい乗ったかな。それで新婚旅行にも行ったし。

松本　それは思い出深いでしょう。僕もクーペに乗ってたことがあるんですが、今見るとカッコイイですよね。BMWのZ3クーペが出たとき、Sクーペの焼き直しに思えました。

徳大寺　確かに似てるな。

担当　（レストア中の薄いブルーに塗られたクーペを見ながら）とってもオシャレですよね。

岩佐　そうおっしゃいますけど、クーペが認められる

【Garage IWASA】
埼玉県志木市中宗岡3-8-7
☎048-472-0602　URL:http://www.garage-iwasa.com/

ようになったのはここ10年くらいのことなんですよ。それ以前はロードスター一辺倒で、どんなにいいクーペが出てきても見向きもされなかったんです。

松本　ということは、デビューから苦節30年を経て、ようやく日の目を見たことになるんでしょうか。

担当　なんだか演歌歌手みたいですね（笑）。さて、そのＳの相場はどれくらいなんでしょうか？

岩佐　２００万円前後から、極上ものだと４００万円くらいするのもありますね。

徳大寺　やはり６００より８００のほうが高いんですか？

岩佐　一般的にはそうですね。でも、極上もの同士だとむしろ６００のほうが高くなりますよ。数が少ないですから。

沼田　ということは、より少ない５００だとさらに高くなるわけですね。

岩佐　ええ。

担当　大きさは手ごろだけど、予算的にはちょっと厳しいなあ。

徳大寺　とはいえ、こうしてＳの専門店があるだけでもうれしいじゃないか。

松本　そうですね。なんたってＳは日本が世界に誇れる数少ないスポーツカーなんですから。

徳大寺　おかげさまで今日は楽しませていただきました。どうもありがとうございます。

続いて訪ねたのは、同じく埼玉県はさいたま市にある「オンタリオ」。生産中止から30年以上を経た今なお人気の「ヌォーバ・チンクエチェント」ことフィアット５００の専門店です。代表の熊谷博志さんにお相手していただきました。

担当　おそらく飽き飽きしてる質問だと思うんですが、なぜチンクエチェント専門店なのに店名が「オンタリオ」なんですか？

熊谷博志（敬称略、以下熊谷）　かつてカリフォルニアにあったサーキット「オンタリオ・スピードウェイ」からとったんですよ。ウチはもともとオートバイ屋で、アメリカで知り合いがレースをやってたのを手伝ったりしていたものですから。

担当　チンクエチェント専門店としてはいつごろから？

熊谷　１９８９年からです。

松本　ということは20年近いキャリアがあるわけですが、お客さんの好みというか、求められる仕様というのは変わってきてるんですか？

熊谷　そうですね、最初のころはアバルトもどきというか、ベビーギャング風の要望が多かったんですけど、今はもっぱらオリジナル志向ですね。

沼田　以前にやはりチンクエチェントの専門店で、アニメ『ルパン三世』の影響を受けた客が多いと聞いたことがあるんですが？

熊谷　それは大いにありますね。「ルパン三世のクルマ」が欲しいと言ってくるお客さんが、一時期はウチにもたくさんいましたよ。今の若い世代のお客さんでも、ルパンを知らない人はいないでしょう。

担当　へえ、そうなんですか!?

熊谷　最近では、当然のようにエアコン、AT付きを求めてくる方もいますよ。何の予備知識もなしに、かわいいからとか、ちょっと変わったクルマに乗りたいというだけで訪ねて来るんでしょうけど。そういう方には、悪いことは言わないから今のクルマに乗ったほうがいいと説得します。

徳大寺　マニアならともかく、そういうお客さんも来るんじゃ大変だ（笑）。

担当　本来のチンクエチェント好きのお客さんの間では、どんなモデルが人気なんでしょう。

熊谷　「オンタリオ・スペシャル」ですね。シャシー、ボディをフルレストアし、機関関係もリビルドして、ほぼ新車並みに仕上げてます。

倉庫のような店舗には色とりどりのチンクエチェントが山のように…
ONTARIO
コレクターズモール
今のチンクエチェント人気は、ルパン三世の影響が大きいですね
シオミ三世
ルパン三世仕様のクルマが欲しい。ねね・オートマでもちろんエアコン付きだよね！
『オンタリオ』代表 熊谷博志さん

うあっ、ピカピカ
とにかくこのカタチが好きっていう人には最高ですね
新車同様に仕上げた「オンタリオスペシャル」は300万円
オリジナルカラーにはこだわらないがルパンカラーにはこだわる、そんなオーナーが増えてるらしい

松本　その作業はどこでやるんですか？

熊谷　ウチでやります。以前はイタリアで仕上げたクルマを入れてたんですが、やはりそれだと目に見えない部分がどうも。で、すべて自分たちでやることにしたんです。

徳大寺　となると、手間が大変でしょう。スペシャルはおいくらぐらいするんですか？

熊谷　３００万円ですね。ベースカーが１００万円、レストア代が２００万円というところです。

松本　これだけ仕上げれば、それくらいにはなるでしょうね。

熊谷　でも、たとえばフェラーリならレストア代が２

それから屋根が開くのはうるさいエンジン音を逃がすため。現代のクルマのような快適さを求めちゃダメだよ
カタチは可愛いんだけど、とにかく遅いんだ(苦笑)

00万円といっても納得してくれるでしょうけど、チンクエチェントだとなかなか難しいですね。小さくても作業内容は基本的に変わらないんですが。

松本　そのへんの事情は、素人にはわかりにくいでしょうからね。ちなみにベースカーは500F（65〜72年生産のモデル）が多いんですか？

熊谷　ええ。豪華版の500Lや最終型の500Rよりクラシックな雰囲気だし、いっぽうFより前のモデルだとパーツの互換性などの問題があるので。

担当　300万円は出せないけれど、欲しいというお客さんはいないんですか？

熊谷　いますよ。適度にヤレたクルマのほうがいいという方もいますので、現状販売もします。予算は50万円くらいからですね。

徳大寺　ひとつお尋ねしたいんですが、これは現行の軽規格に収まるわけですよね。軽登録はできないんですか？

熊谷　チンクエチェントが新車だったころは軽規格は360ccでしたので、これは小型車として型式認定されてます。それを新たに軽として登録するとなると、現在の保安基準や排ガス基準に適合させなければならないんです。やってできないことはないけれど、手間もコストもかかる割には、見合うだけのメリットがないんですよ。

徳大寺　なるほど。

松本　ところで巨匠、チンクエチェントを所有されたことはあるんですか。

徳大寺　ない。だって歯ぎしりするくらい遅いんだもの。姿はかわいいけどな。

担当　ハハハ……というところでそろそろおいとましましょうか。今日はお忙しいところ、どうもありがとうございました。

【オンタリオ】
埼玉県さいたま市中央区桜丘2-10-27
☎042-852-0301　URL:http://www.ontario.co.jp/

ツアー第05回

ハイドロで家庭崩壊寸前!?

連載を始めた頃から絶対にこの店を訪ねようと決めていました。シトロエン大得意のフランス車専門店「キャロル」。DSや2CVはもちろん、Hトラックまでありました。と言いつつ、アルファロメオなんかも置いてあったりする〝緩さ〟と、どんな相談にも親身になって乗ってくれるご主人こそが、この店の人気の秘密なのでしょう。巨匠も昔から大好きな店のひとつだと言ってはばかりません。

今回のツアー隊のアシは、最新のシトロエンのフラッグシップ、C6。「キャロル」までの道中、絶妙の乗り心地を誇る現代版DSともいうべきこのフレンチサルーンの車中で、巨匠がこれまでに所有したシトロエンを中心とするフランス車について伺いました。

いいなー、この半円型のドアポケット
デカダンな香りがするね。こういうクルマは後先考えずにポンと買ってほしいよね
ポリポリ
キミたちは朝食まだだろ? お腹空いたろう
うん、いいクルマだ
巨匠、お気遣いありがとうございます
今回は憧れのシトロエンC6に乗ってフランス中古車ツアーだぁー!

松本　巨匠がシトロエン2CVを愛用していたことは、僕らはもちろん、NAVI読者のみなさんもよくご存じだと思うんですが、そのほかのシトロエンを所有されたことはあるんですか?

徳大寺　うん。いちばん思い出深いのはＧＳだな。走行１万km以内の、きれいな空色メタリックの中古を買ったんだ。初期型の１０１５ccエンジンを積んだやつ。ところが、これが買った翌日から壊れまくり。

松本　どこがそんなに壊れるんですか？

徳大寺　要はハイドロのフルード漏れだな。あっちを直したかと思えばこっちが漏れてという具合。修理費がかさんだせいで我が家の経済状態が傾き、家庭崩壊の危機に晒されたよ（笑）。

担当　それは今だから笑い話にできるけど、購入した当時はそれこそ笑い事じゃ済まされなかったんでしょうね。

沼田　とくに奥様にとっては。

徳大寺　いや、まったく。調子の悪いシトロエンを「悪女の深情け」にたとえることがあるが、あのＧＳはまさにそれだったよ。

松本　そのほかには？

徳大寺　グリーンメタのＳＭも持っていたことがあるな。

松本　いいですねえ。僕も一度ＳＭを所有してみたいんですが、どうでした？

徳大寺　ダメ。「２００km／h出せるＦＦ車」という謳い文句に魅かれて手に入れたんだけど、その原動力であるマセラティ製のＶ６エンジンがオイル漏れの王者でさ。

担当　またもや「漏れ」ですか（笑）。

松本　当時の日本の法規では、ステアリング連動式のヘッドライトは許されなかったんでしょう？

徳大寺　うん。そもそもベースがアメリカ仕様だから、ヘッドライトが丸目のシールドビームで、プレキシグラスのライトカバーもなくて、オリジナルとはだいぶ違うつまんない顔つきになっちゃってたし。

松本　魅力半減、とまではいかなくても１／４くらいは失われてしまいますね。

沼田　そうそう、巨匠はエグザンティアにも乗られてましたよね？　ＮＡＶＩの保有車長期リポートで見た記憶があります。

徳大寺　ああ、乗ってた。あれは新車だったし、ごく普通に使えたよ。

担当　シトロエン以外のフランス車は？

徳大寺　そうだなあ、プジョー５０４Ｄに乗ってたことがあるな。乗り心地はメチャメチャよかったけど、ディーゼルエンジンがうるさくてまいった。

松本　５０４Ｄは、なぜかそこそこの数が輸入されてましたね。色は紺やベージュが多かったように記憶してますが、巨匠のは何色だったんですか？

徳大寺　たしかバーガンディで、内装がタンだった。

松本　へえ、オシャレじゃないですか。

Carol
キャロルの車両は販売価格が表示されていない、いわばベース車。自分はどの程度まで整備して乗りたいか、腹を割って竹内さんに相談しよう
フランス車人気ですか？ン〜、どうだろ。入門される方と同時に、降りていく方もいるから（笑）
『キャロル』竹内敏雄さん

クラシックの仲間入りをしたシトロエンBX
……
あの〜、エグザンティアよりBXのほうが丈夫ってホントですか？
シオミくん、そういうクルマ雑誌編集者らしからぬ質問をしちゃダメだよ。竹内さんもお困りになってるじゃないか（苦笑）
キャロルにとってフランス車はどれも素敵なのだ

へえー、ボディ色に合わせて、窓ガラスにも薄く色が付いているんですね
オシャレだなー
シトロエンGS
巨匠、ごめんなさい。またお漏らししちゃった〜
悪女の深情けという例えがあるけど、ボクが昔乗ったGSは、まさにだった
悪い女と思いつつ、つい手を出してしまう。それが男というものだ

徳大寺　たまたま中古車屋で安く売ってたから買ったんだけど。まあそんな調子だから、やかましくてもあまり文句は言えないな（笑）。

「キャロル」でお相手をしていただいたのは、代表の竹内良友さんの父君であり、創業者である竹内敏雄さん。シトロエン好きが高じてキャロルを立ち上げたというエンスーな人生を送っている方だけに、巨匠との息もピッタリ。興味深い話を聞かせていただきました。

正規輸入されていたH

担当　キャロルといえば、フランス車乗りの間では超有名店であるわけですが、いつごろ始められたんですか？

竹内敏雄（敬称略、以下竹内）　設立したのは平成5（93）年です。

松本　それまではどこかでクルマ関係のお仕事を？

竹内　いいえ。クルマとはまったく関係ない、食品関係の仕事をしてました。で、そっちがひと区切りついたので、好きだったクルマ屋を始めたんですよ。

松本　フランス車のなかでも、シトロエンに強いという印象があるのですが、やはりお好きなんですか？

竹内　ええ。74年にＧＳ１２２０クラブのＣマチック（3段セミＡＴ）を買って以来の付き合いですね。一時は食品の運搬用にＨ（アッシュ）トラックを使ったりしてましたから。

徳大寺　ほう。それは相当な好き者でなければできないでしょう。

沼田　70年代に原宿あたりのブティックなんかが看板を兼ねて使ってたりしたけれど、竹内さんの場合は本気ですからね。

松本　当然ながら並行輸入モノでしょうから、メインテナンスなどは苦労したんじゃないですか？

竹内　ところがＨは正規輸入されてたんですよ。西武自動車の前のシトロエンの輸入代理店だった日仏自動車と東京の三菱ふそうで。その証拠にほら（と言いながらＨの仕様書を見せる）。こうした資料は、西武がシトロエンの販売から撤退するときに引き取ったものなんですが。

一同　おーっ！

松本　ホントだ。ちゃんと型式認定されてる。

担当　あちらに見えるそのＨトラック2台を含め、ここに並んでいるだけでも１００台以上あると思うんですが、在庫車両は何台くらいあるんでしょう。

竹内　今はあまり多くないですよ。2005年に自動車リサイクル法が施行されて以来、無造作にヤードに転がしておくことができなくなりましたから。どんどん減らしてる最中です。

徳大寺　今はそうかもしれませんが、最盛期はかなりの数があったでしょう。

竹内　1300台くらいありましたかね。

一同　そんなに！

担当　その中から使えそうな部品をはぎ取るのも、このファンの楽しみだったんでしょう？　杓子定規なリサイクル法に反対！

すでにBXもクラシック

担当　ところで、今現在、動きがいいモデルというと、どのあたりなんでしょう？

竹内　エグザンティアですね。比較的新しいからタマ数も多いし、トラブルも少ないから気軽に乗れるんでしょう。BXでは持病だったエンジンのオイル下がり（注）もまったくといっていいほど見られないし、ATも改良されてトラブルが少なくなってますから。

松本　ということは、4気筒のほうですね。

竹内　ええ。10万kmぐらい走ると、そろそろヤバイんじゃないかとビビッて降りちゃう人が多いんだけど、じつはあのエンジンはそこから息が長いんですよ。

徳大寺　なるほど。俺は3ℓのV6も好きだったけどな。PRVの古いエンジンだが。

担当　クルマ自体の作りは、エグザンティアよりBXのほうが丈夫、という話を耳にしたことがあるんですけど？

竹内　う〜ん、どうだろう。とりあえずさっきも言ったようにオイル下がりを起こしてるクルマが多いんですけどね。あと、冷房がエアコンじゃなくてクーラーなんですが、これがトラブルを起こしやすく、また修理しにくい場所にあるので、ディーラーだとけっこうな工賃がかかっちゃうんです。

松本　悪循環ですね。

竹内　修理の見積もり金額を見た時点で、あきらめちゃった人も少なくないはずですよ。ウチだったら、ディーラーの1／5くらいの金額で直せるんですけど。

徳大寺　だから竹内さんは頼られちゃうんだ。

竹内　でも、好きな人には魅力のあるクルマなんでしょうね。BXからエグザンティアに乗り換えたもの

注）**【オイル下がり】**シリンダーヘッドにある吸気バルブのステム（軸）とガイド（筒）の隙間から燃焼室内にオイルが浸入してしまうこと。浸入したオイルが燃焼して白煙を吐き、オイル消費が増大する。

の、またＢＸに戻ってきたお客さんが何人かいますよ。

松本　やっぱりガンディーニが手がけた、エッジの効いたスタイリングによる部分が大きいんだろうな。

沼田　ナベゾ画伯が呼ぶところの「戦隊系」のスタイリングは、独特だからね。

竹内　面白いのは、広い意味での人気は落ちてるんだけど、値段は高くてもいいから程度のいいＢＸが欲しいというお客さんが、ここへきて出始めたんですよ。以前はせいぜい50万円だった予算が、最近では１００万とか１５０万円とか。

徳大寺　ＢＸにもついに付加価値が付いたというわけか。クラシックの仲間入りだな。

竹内　付加価値といえば、先日、ご夫婦で２ＣＶを１台ずつ買われたお客さんがいらしたんですが、予算がなんと１台１８０万円。２台で３６０万円ですよ。もちろん、機関からボディまですべて仕上げましたが。

徳大寺　ほう、いくつぐらいの方ですか？

竹内　60ちょっと前ぐらいですかね。昔から乗りたくて、ようやくその機会がきたんだけど、すでに新車はない。なので金額は張ってもいいから、できるだけいい状態のクルマが欲しいということでした。

松本　団塊の世代もリタイアすることだし、今後はそういうお客さんが増えるのかもしれませんね。

２ＣＶ＋ハイドロ＝ＤＳ？

担当　半世紀以上前にデビューした古典にして永遠のアバンギャルドであるＤＳはどうなんでしょう？　素人には手を出せない聖域という気もするのですが、エアコンをガンガン効かせてとか無理を言わず、きちんとメインテナンスしてやればまだ乗れますか？

竹内　そうですね、ＣＸよりはＤＳのほうが心配なく乗れると思いますよ。

徳大寺　ほう。それはなぜゆえに？

竹内　要するにＤＳのほうがシンプルなんですよ。部品点数も少ないし、ネジを緩めるだけで前後フェンダーがそっくり外せるなど、整備性にも優れてます。対してＣＸはドライブシャフト１本抜くのも、それどころかオイルエレメント交換だって大変なんです。

松本　よーくわかります。僕も昔、ＣＸに乗ってたんですが、ステアリングラックを外そうとしてえらい目に遭いましたから。

竹内　極論すれば、ＤＳは２ＣＶにハイドロを足したようなもんですから。

徳大寺　なるほど。
担当　DSの相場はどれくらいですか？
竹内　ひととおり整備して、乗りだし価格で300万円ぐらいからですね。
沼田　人気という点ではどうなんでしょう？
竹内　安定してますよ。欲しいけれどなかなか踏み切れないという人も少なくありませんが。思いきって乗っちゃうのは、若い独身のお客さんですね。
徳大寺　あれこれ考えず、勢いでいくんだな。若さの特権だよ。
竹内　じつを言うとDSはですね、ここにきていい素材がポツポツ出てきてるんですよ。本国で大切にされていたクルマが、そろそろオーナーの息子から孫の代に渡る頃じゃないかと思うんですけど、そういうクルマが放出され始めてる。息子の代までは大事にしても、孫はもう興味がないとか、おそらくそんな理由じゃないかと思うんですが。
松本　へえ。SMもありますかね？
竹内　ありますよ。まだ高いですけど。現地価格で3万ユーロ（約490万円）くらい。
松本　それじゃ無理だなあ。

幸せになろうね
うえの
あのバカが！
年上の女にダマされているのよ
ボクたち捜さないでください
母さん泣くな！
若いっていいなー
このDSのオーナーはユーノスロードスターのミラーに付け替えていた
若い方はオリジナルにこだわらないし、あまり悩まずに勢いで買われていきますね
DSは構造がCXよりシンプルなので整備性もいいし、それに、じつはこれからいいタマが出てくることが予想されるので狙い目かも、です

永遠のアバンギャルド、シトロエンDSはこれからが乗りどき!?

【carol. キャロル】
埼玉県深谷市人見406-11
☎048-574-8718 FAX：048-574-8731 URL：http://web-carol.jp/ E-mail：carol@web-carol.jp

いい買い物をするには

徳大寺　エキセントリックなシトロエンもいいけどさ、ここにあるプジョー306のような、シンプルなコンパクトカーもいいぜ。とくに免許を取って間もない若者なんかには。

松本　そうですね。これなんかボディもしっかりしてるし、まだまだ乗れますよ。

徳大寺　そうだろう?　けっこうスポーティで楽しいクルマだよ。

担当　この306スタイルとか、隣にあるシトロエンZXあたりの相場はどれくらいですか?

竹内　整備して50万〜60万円ですね。

徳大寺　この手のクルマは動きますか?

竹内　子供が免許を取ったからと、クルマ好きの親子が買いにきたりするケースがけっこうありますね。親が買って与えるのではなく、子供に支払わせるから、予算もこれぐらいに抑えてほしいとかいう感じで。

徳大寺　いい話だなあ。そういう場合は、できればMTがより好ましいのだが、どうでしょう?

竹内　残念ながらほとんどATですね。AT車のほうがタマ数が多いし、またこうしたクルマは家族全員で

免許取りたての若者や女のコが乗るには最高ですね
走れるようにして50、60万円といったとこでしょうか
ついキワモノのフランス車に目がいきがちだが、素人はね、これぐらいから始めるといい
まだまだイケるよ、プジョー306。
巨匠と松本センセイがイチ押し！

乗り回すことが多いようなんですが、ＭＴだと運転できない人がいるらしくて。同様の理由で、左ハンドルも敬遠されがちです。

徳大寺　なるほど、それは仕方ないな。でも、この店で買えば安心だよ。なんたって竹内さんは面倒見がいいもの。

竹内　恐縮です。

徳大寺　これは読者のみなさん、特にビギナーの方にお伝えしたいんだけど、この店にきたら、駆け引きなんて考えないほうがいい。竹内さんに予算をはっきり伝えて、これでなんとかしてくれないかと正直に相談すれば、きっといい買い物ができるよ。

竹内　ありがとうございます。たしかに整備する段階で部品交換が必要だとしても、全部新品にする必要はないですからね。中古部品を使えば、部品代は請求せずに工賃だけで済む場合もありますし。

徳大寺　なあ、人をだますのが商売のように言われがちな自動車屋のなかにも、竹内さんのように良心的な人もいるんだよ。少ないけどな（笑）。

担当　さて、話は尽きませんが、そろそろいい時間です。

徳大寺　そうか。じゃあおいとまするとするか。竹内さん、今日は楽しませていただきました。どうもありがとうございます。

竹内　とんでもない。こちらこそ遠いところお越しいただいて、ありがとうございました。

一同　ありがとうございました！

Carolの場合、売るほうも買うほうも正直者が得をする——by徳大寺有恒

ツアー第06回

極端なのが魅力

それにしても、ホンダは特異な国産車メーカーである。先進のメカニズムを軽トラックに盛り込んだり、四輪メーカーとしてはまだよちよち歩きの時代にＦ１に打って出たり……で、勝ったり!! ただ、だからこそ昔から信者に近い、熱心なファンを生んできたとも言える。そのホンダ・イズムがぎゅっと詰まった「ホンダ・コレクション・ホール」を訪ねた。もちろん、国産車の歴史とともに歩んできた巨匠にとっても、ホンダは思い入れのあるメーカーだったようだ。

軽の革命児

徳大寺　ほう、展示されている市販四輪車はＮ３６０（１９６７年）からか。

松本　やはりホンダにとって、Ｎ３６０は本格的な四

輪車メーカーに脱皮するきっかけとなった記念碑的なモデルなんでしょうね。

徳大寺　そうだな。それ以前からスポーツカーのSシリーズやそのエンジンを流用した商用車は存在していたとはいえ、会社を支えていたのは二輪だったわけだから。

沼田　二輪部門からは、四輪は〝金食い虫〟のように言われていたという話もありますしね。

担当　へえ～、このN360って、そんなに売れたんですか？

徳大寺　売れた。爆発的なヒットといってもいいんじゃないかな。

沼田　高性能と低価格を武器に、発売後間もなく長年にわたって軽の盟主だったスバル360からベストセラーの座を奪ったN360は、軽の革命児と言っても過言ではないと思うよ。

担当　へえ、そうなんだ。

徳大寺　N360の出現によって、慎ましやかなファミリーカーから若者向けのパーソナルカーへと、軽市場の目指す方向が大きくシフトしたんだな。

担当　やっぱりこれは、ミニを参考にしたんですかね。

徳大寺　コンセプトやパッケージングにおいては、多

フロントマスクの造形はプジョー204
沼田さんって事情通だよね
サイドのプレスラインはフィアット850
なるほどー
エクステリアデザインは、プジョー204とフィアット850を参考にしたらしいですよ

ホンダN360（1967年）
二輪車用をベースにしたエンジンを搭載した、ホンダ初のFF方式の軽乗用車。高性能かつ経済性にも優れ、ベストセラーとなった

分に影響を受けてるだろう。

沼田　スタイリングに関しては、Ｎのエクステリアデザインを担当した方から、なかなか興味深い話を聞いたことがあるんですよ。なんでもフロントマスクの造形はプジョー２０４、サイドのプレスラインはフィアット８５０を参考にしたんだそうです。

徳大寺・松本　なるほど！

常識破りのモデルたち

担当　そろそろ次にいきましょう。Ｓシリーズは前々回でじっくりお話しいただいたからチラッと眺めるだけにしてと、この角張ったライトバンとトラックはなんですか？

松本　Ｌ７００（65年）とＰ８００（66年）。当時ホンダにとって唯一の四輪用エンジンだった、Ｓシリーズのツインカムユニットをデチューンして搭載した商用車だよ。

徳大寺　市販はされなかったけど、たしかこの系統の乗用車もあったよな。

沼田　65年の東京モーターショーに出展されたＮ８００ですね。２ドアハードトップボディの。

担当　そういえば最初の市販四輪車である軽トラックのＴ３６０（63年）が見あたらないですね。整備中なのかな？

松本　ＤＯＨＣの４連キャブという、アバルトも真っ青のエンジン単体ならここにあるけど。エキパイの形状なんて芸術的だよ。

沼田　でも聞いたところによると、メンテとかアフターケアは大変だったみたいだね。当時のホンダの販売店は、ほとんどが街のバイク屋さんとかだったわけじゃない？　４連キャブの調整なんてとてもじゃないけど無理なので、キャブ不調になると片っ端からアッセンブリー交換してたんだって。

徳大寺　それしか手がなかったんだろうな。

松本　エンジンといえば、この１３００のＤＤＡＣ（二重空冷）エンジン（注）も相当にエキセントリックですよね。量産乗用車なのにドライサンプで。

沼田　他社の１・３ℓエンジンの最高出力が70ps前後だった時代に、シングルキャブで１００ps、４キャブ版は１１５psだから。とんでもないよ。

松本　オイルタンクまでフィンが切られていて、これぞアルミの芸術品ですね。

徳大寺　見る人によっては、悪夢かもしれない（笑）。

注）**【DDACエンジン】** DDACとは“Duo Dyna Air Cooling system”の略。シリンダーおよびシリンダーヘッドの周囲に二重壁を設け、その間をファンで圧送された空気が通過して冷却すると同時に、外側からも走行風によって冷やすという二重冷却方式を採用した、特異な空冷エンジン。

担当　たぶん実車を見るのは初めてだと思うんですが、1300クーペ9（70年）、カッコイイですね。

徳大寺　なかなかスタイリッシュだよな。2分割のフロントグリルは、ポンティアックあたりを参考にしたのだろうが。本田（宗一郎）さんはアメリカ車が好きだったから。S800のグリルなんかも、初代マスタングのそれに似てるだろ？

担当　たしかに。で、これは売れたんですか？

徳大寺　いや、ビジネスとしては失敗作だな。

担当　それはなぜでしょう？

沼田　凝りすぎてたし、独善的だったんじゃないかな。その反省もあってホンダは水冷エンジンに宗旨替えし、ベーシックにまとめた初代シビック（72年）は大ヒット。小型乗用車市場でも確固たる地位を築いたんだ。

日本車離れした魅力

担当　巨匠は初代シビックを所有されていたんですよね？

徳大寺　うん。発売されて間もなく、中間グレードのハイデラックスというのを買った。上級グレードのGLってのは、エンジンがややパワフルだったんだけど、GLのビニールレザーより、ハイデラックスのモケット風生地のシートのほうが気に入ったから。それに安かったし。

ホンダH1300Eエンジン
1300セダン・クーペに搭載。DDAC（一体式二重空冷）採用。強制空冷と走行空気圧の二重空冷式（F1技術を導入）で、115馬力の高出力を誇った
見てよ、このフィン。芸術的でしょ
フロントグリルはポンティアックを参考にしたんじゃないかな
巨匠、このクーペ超カッコイイっすね
ホンダ1300クーペ9（70年）

松本　当時の日本車のなかでは、きわめてヨーロッパ的な思想のクルマでしたよね。

沼田　シビックの兄貴分として登場した初代アコード（76年）も、既存の日本車のヒエラルキーに収まらない、クラスレスな雰囲気を放ってました。

徳大寺　そうだな。この時代のホンダ車って、非常にバタ臭いんだよ。その日本車離れしてるところが、ホンダ好きの心をとらえたんだな。

松本　上品な感じのベージュのやつに、ちょっとハイソな雰囲気の奥様なんか乗ってた印象が強いですね。

担当　ウチのオカンも乗ってましたよ。「ぼっけーカッコイイ」と言いながら、スターレンジのホンダマチックに。あ、「ぼっけー」とは、岡山弁で「すごく」って意味ですけど。

沼田　こりゃ話の腰を折られたな。気を取り直して次、いきましょう。初代プレリュード（78年）。誰が呼んだか知らないが、通称……。

徳大寺・松本・沼田　川越ベンツ！

担当　なんですか、それ？

徳大寺　スケールは違うけど、プロポーションや雰囲気がメルセデスのSLCによく似てるだろ？　でもって、ホンダの研究所や工場のある和光市も川越も同じ埼

キミたちはそういう格好がよく似合うね
どうも
ホンダプレリュード（78年）
初代プレリュードは、プロポーションがメルセデスSLCに似てることから"川越ベンツ"と揶揄されたもんだ
この迫り出したバンパーがバタ臭くて、カッコよかったなあ

玉県にある。それを揶揄したんだな。

松本　加えるなら、小江戸として有名な川越は、サツマイモの名産地でもあったんだよ。

沼田　そうそう、オレなんか小学校の遠足で川越にイモ掘りに行ったもの。つまり、ベンツっぽく装ってもしょせんはイモつまり田舎者……という意味合いもあったんじゃない？

松本　とはいえこのクルマ、かなり頑張ってますよ。ドアまわりなんか、つくりにお金がかかってる。日本車初だったガラス製の電動スライディンググルーフとかも。

沼田　一見、シビックのクーペ版みたいだけど、パワートレーン以外はすべて新設計で、ハンドリングは高く評価されたんだよね。でも、この時代のホンダ車はみなそうだったんだけど、肝心のエンジンがシングルキャブでしょぼいんだ。かつては軽トラも4連キャブだったのに。

徳大寺　ホンダって会社は、昔から極端から極端に振れる傾向があるからな。

担当　このシティ（81年）だって、初代はトールボーイだったんだけど、2代目は180度転換してペッタンコでしたものね。

ナンバー1はビート？

松本　ロングルーフのワンダー・シビック（83年）の登場は、センセーショナルだったように思うんですが。

徳大寺　カッコよかったよな。サッチモ（ルイ・アームストロング）の『ホワット・ア・ワンダフル・ワールド』を使ったCMもイカしてたし。

担当　黒とゴールドのツートーンに塗られたカー・オブ・ザ・イヤー受賞記念車を兄貴が買ったんですが、子

うちのオカンも乗ってました
ママ〜ママ〜
なワケねぇーだろ〜
ホンダアコード（76年）

70年代のホンダは欧

供心にちょっと自慢でした。5ドアのシャトルも、今日のユーティリティ重視の傾向を先取りしてましたよね。

松本　お母さんのアコードといい、シオミくんの家はホンダ党だったの?

担当　別にそういうわけじゃないんですけど。当時オヤジは〝大砲チェイサー〟に乗ってたし。

松本　なんだよ、それ?

沼田　3代目マークⅡの双子車だった初代チェイサーだろ。ほら、最初のジャガーXJを2つ目にしたような顔つきのやつ。

担当　フロントフェンダーの峰が盛り上がっていて、大砲みたいじゃないですか。

松本　大砲ねえ……はい、次!

徳大寺　やっぱりこれは傑作だな、ビート(91年)。買わなかったことを後悔しているクルマの筆頭だよ。

松本　トヨタの初代MR2に続く「買わずに後悔」シリーズの第2弾ですか(笑)。期せずして2台ともミドシップですね。

担当　そういえば3年ほど前に、埼玉県内のディーラーに未登録のビートが残っているのが見つかって、話題になったことがありましたよ。

沼田　へえ。どれくらいプレミアムがついたのかな。

巨匠、なぜ買わなかったんですか?
今見てもオシャレですね
エ〜ト、どれに乗ろうかな。面倒だから電車で行くか(笑)
ジャラ ジャラ
当時は手持ちのクルマが多すぎて面倒見切れなかったんだ(苦笑)
ホンダ ビート(91年)
巨匠の「買わずに後悔した」シリーズ第2弾、それがビートだ!

担当　それが正規ディーラーだから定価販売で。当然ながらすぐ売れたらしいけど。

徳大寺　買った人はラッキーだな。

松本　ビートの原形は、89年の東京モーターショーでデビューしたピニンファリーナのデザインスタディ〝ミトス〟と言われてますが、リアフェンダーあたりの造形はまんまミトスですね。これだけショーカーのコンセプトが忠実に再現された生産車って、なかなかないんじゃないですか。しかもこのスケールで。

徳大寺　おそらくピニンファリーナも、ビートは相当気に入ってるんじゃないかな。ピニンのスタジオにいくと、手がけた歴代モデルがズラリと並べられているのだが、このちっぽけなビートも置かれていたのを見た覚えがある。

松本・沼田・担当　へ～え。

徳大寺　６６０ccだからいいんだよな。これが３６０cc時代の軽だと、たとえばフロンテクーペみたいに、カッコよくても現代の路上で乗るのはしんどいだろう？　でも、６６０ccならまったく問題ないから。

松本　もしかして、巨匠にとって歴代のホンダ車のなかでビートがナンバー1とか？

徳大寺　ナンバー1かどうかはともかく、相当にいいと思うな。

担当　それだけ気に入っているのに、なぜ買わなかったんですか？

徳大寺　買っても持ち切れないと思ったんだよ。当時は手持ちのクルマがいっぱいあってさ、セルシオ、ＧＴ－Ｒ、そしてＮＳＸだったかな？　ほかに古いクルマもあったし。

松本　なるほど。それらに加えてユーノス・ロードスターなんかも出て、89年から90年にかけては日本車のヴィンテージイヤーなどと言われた時代ですものね。

徳大寺　何台もあると面倒見きれないし、そのうち持ってること自体がおっくうになっちゃうんだよな。

松本　その気持ち、よくわかります。当時の巨匠の心境としては、ホンダのミドシップはＮＳＸがあるからいいや、という感じだったんですかね。

徳大寺　そんなところだ。

担当　ＮＳＸといえば、あれのスタイリングにもピニンファリーナの息がかかっているいう説がありますが。

徳大寺　ホントかよ？　それにしちゃいまいちじゃないか（笑）？

松本　真偽のほどはともかく、僕もその話を耳にしたことがあります。それはさておき、巨匠が乗られていた

巨匠が乗られていたスペシャルNSXの内装は確か真っ赤でしたよね
コックリ コックリ
あれ、巨匠は？
取材中、無口になりがちな巨匠(笑)。ガス欠か？
シャカ シャカ
お元気になってよかったー。やっぱ給油(ピザ)しなきゃね
それはだね…
日本に2台しかないスペシャルNSX
コレクションホール内のカフェにて
そして巨匠は静かに口を開いた…
この続きは次回へ

スペシャルＮＳＸはなかなかシャレてましたよね。

担当　どこがスペシャルだったんですか？

松本　カタログモデルにはなかった、黒いボディに真っ赤な内装という組み合わせだったんだ。巨匠がオーダーした際にホンダが2台作って、もう1台は今でも社内に保存しているはず。ちなみに、僕のトライアンフ２０００も同じカラーコンビネーションなんだけど。

担当　松本先生のトラはこの際どうでもいいんですが、その組み合わせにはなにか理由があったんですか？

徳大寺　それはだね……ＮＳＸはさ、欧米の一流どころにも負けないスポーツカーを作りたいという本田宗一郎さんの夢を、その最晩年になってようやく実現したモデルじゃないかと思うんだ。

担当　そうですね。

徳大寺　だから本田さんに敬意を表して、ＮＳＸは彼の好みの色にしたんだよ。ＭＧＡやジャガー・マーク2など、俺が知ってる本田さんのお気に入りのプライベートカーは、黒いボディに赤いインテリアだったんだ。もしまだお元気で、ご自分で運転なさるとしたら、ＮＳＸもこの組み合わせにするに違いないだろうと思ってさ。

松本　なるほど。そういえばＳ５００がデビューした

直後の東京モーターショーの展示車両の中にも、その組み合わせがあったそうですね。

沼田　当時の『CG』のショーリポートに「黒はよほど変わった趣味の人が欲しがるに違いない」と書かれていたけど、本田さん自身がその変わった趣味の持ち主だったとは（笑）。

担当　そうした本田さんの所有車を、巨匠は運転したことがあるんでしょう？　息子さんである前無限代表の本田博俊さんを通じて。

徳大寺　ああ。博俊くんが家から持ち出してくると、「ちょっと乗せろよ」って。考えてみればディスクブレーキの威力を知ったのも、本田さんのマーク2だったな。

松本　それにしても本田宗一郎さんは生粋の〝カーガイ〟だったんですね。ここに展示されているカーチス号をはじめ、戦前からレーシングマシンを自ら製作してレースに出場していたんだから。

担当　小林彰太郎さんも言われてましたよね。本田さんが鈴鹿サーキットを建設しなかったら、現在に至る日本の自動車工業の発展はなかったに違いない。関係者は本田さんに足を向けては寝られない、と。

徳大寺　まったくそのとおりだな。

ツアー第07回

巨匠と軽自動車の浅からぬ縁

東京郊外にカトーモータースという３６０cc時代の軽自動車を専門に取り扱うショップがある。その店を訪れて初めてわかったことがあった。なんと巨匠、無類の軽自動車好きでもあったのだ！思い出話が止まらない、止まらない。

徳大寺巨匠と軽自動車という組み合わせは、どうもピンとこないかもしれません。ところがどっこい、マニアの間ではサブロクと呼ばれる３６０cc時代の軽と巨匠は、浅からぬ縁があったのです。今回のツアーリムジンであるホンダ・エディックスの車中で、１９６０年代の思い出話をうかがいました。

レーシングメイトのデモカーだったN360。ボンネットの矢印が新鮮！
当時、巨匠がお気に入りだったモデルのサラちゃん
RACING
RACING MATE
可愛かったなー、サラ…
矢印のネタ元となったローラT70マーク3
RACING MATE
巨匠がレーシングメイト時代に商用車として愛用していたスバル・サンバー。
巨匠～、また手を出したんでしょ（笑）
キミはそればっかだな！
どうせなら運転席を中央にレイアウトして、両脇に女のコを乗せたい！
巨匠～
6Pかよ！
強欲だな～
シオミさんって奥さんもお子さんもいらっしゃるの？
隣りに女のコを乗せちゃって
巨匠～、前席が3人掛けっていいっスね～
ホンダエディックス

道中は、巨匠の昔話と女のコの話で盛り上がりました

松本　タイトルは思い出せないんですが、巨匠の著書で、スバル・サンバーにまつわるエピソードを読んだような気がするんですが。

徳大寺　ああ、そりゃきっと初代サンバーのバンのことだよ。仕事で使っていたんだけど、雨降りの日はてんでダメ。電気系がリークしてエンジンがかからなくなっちゃうんだ。

松本　へえ、そうだったんですか。でも、考えてみればサンバーってすごいですね。いまだに初代、ひいてはスバル３６０以来のリアエンジン・レイアウトを踏襲してるんだから。

徳大寺　たしかに。乗用車はとっくの昔にＦＦになっているのにな。

沼田　仕事というのは、レーシングメイト（注）のビジネスですよね？

徳大寺　そう。初めのうちは自分たちで納品したりしてたから。

担当　巨匠にもそんな時代があったんですねえ。まったく想像できませんが。

沼田　ところが１９６７年に発売され、爆発的にヒットしたホンダＮ３６０用アフターパーツをいちはやく発売したことで、レーシングメイトも一気にブレイクしたと。

松本　レーシングメイトのデモカーだったＮ３６０は、今見てもカッコイイですよ。ボンネットに大きな矢印が描かれてるやつ。

徳大寺　あれはさ、あの年のルマンでジョン・サーティースなんかが乗ったローラＴ70マーク3からいただいたんだよ。初めて行ったルマンで見て、こいつはイケると思ってさ。

松本・沼田　なるほど！

沼田　それにしても、Ｎ３６０の発売が3月でルマンが6月、そしてＮ３６０用のパーツをズラリと揃えた広告が『ＣＧ』の67年10月号に出てたということは、夏ぐらいには商品が出来上がっていたわけじゃないですか。現代でも敵わないほどのスピードでビジネスをしてたんですね。信じられません。

徳大寺　いや、むしろ当

注）**【レーシングメイト】**60年代半ばから70年代にかけて、巨匠が主宰していた総合カー用品メーカー。ドレスアップやチューニングパーツからドライビングウェアまで網羅していた。ロゴマークは四つ葉のクローバー。

時だからこそできたんじゃないかな。世の中の仕組みが今よりずっとシンプルだったから、何を作るにしてもしがらみが少なかったし、企画したものを少数ロットから安い値段で作ってくれるところが、まだ都内近郊にもあったんだよ。

沼田　しかし、そういうところを探すのも大変ですよね。インターネットなんてもちろんないし。

徳大寺　まあな。情報が人づてしかないわけだから。

松本　レーシングメイトの広告といえば、Ｎ３６０に寄り添っていたツィギー風のモデルもイカしてましたよね。

徳大寺　ああ、彼女はサラっていうんだよ。とっても可愛かったなあ。

担当　またまた巨匠、うまいことやってたんでしょう？

徳大寺　どうしてすぐそういう方向に話をもってくんだよ。たしかに俺はスケベだけどさ、キミにかかると、俺はそればっかりの男みたいじゃないか（苦笑）。

例によって巨匠の昔語りで盛り上がった一行が到着したのは、東京・清瀬市にある「カトーモータース」。今年で創業30周年を迎える、スバル３６０を中心とするサブロク軽の専門店です。代表の加藤登さんにお話をうかがいました。

担当　そもそも加藤さんは、なぜ軽自動車の専門店を始められたんですか？

加藤登（敬称略、以下加藤）　30年前にここを始める前は、私は楽器店に勤めてたんですよ。昔からロックとクルマが好きだったものですから。で、私の父親は板金塗装をやってたんですが、そろそろ年齢的にキツくなってきたので、いっしょに中古車屋でもやろうかという話になって。

徳大寺　ほう。

加藤　軽専門にしたのは、もともと好きだったこともあるし、このスペースに並べるのにちょうどいいサイズだったからです。最初のうちは３６０専門というわけではなかったんですが、並べておくと動きがいいので、いつの間にかそうなっちゃいました。まさかこんなに長く続くとは思ってませんでしたけど（笑）。

担当　じゃあそろそろクルマを見せていただきましょう。

松本　お、リアエンジンのフロンテがありますね。

徳大寺　こいつは速かったぜ。２ストローク３気筒のバランスは、４ストローク６気筒に匹敵するという、かつてのDKWの謳い文句をスズキはそのまま使ってたけど、たしかに軽の中ではもっともスムーズで速かった。
沼田　フロンテも巨匠とは縁の深いクルマでしょう？
　スズキのカタログに、レーシングメイトとのダブルネームによるドレスアップパーツが掲載されていたくらいだから。
徳大寺　うん。浜松の本社にはよく通ったよ。
松本　レーサー風とか迷彩塗装を施したクロスオーバー風などの、レーシングメイトがプロデュースしたフロンテが、モーターショーでスズキのブースに飾られたそうですね。
担当　ドレスアップやチューニングメーカーと自動車メーカーのコラボレーションは、今でこそオートサロンなどでポピュラーになってますが、それを40年前にやっていたとは！　さすが巨匠、敬服いたします！
徳大寺　そうおだてるな。
担当　ときにこのフロンテ、タコメーターの3500回転以下がイエローゾーンになってますが？
徳大寺　それ以下じゃトルクがないからロクに走らない、ってことだよ。

担当　えらくピーキーですね。まるでレーシングカーみたいじゃないですか。

加藤　この年式のフロンテのエンジンには、31ps、34ps、36psの3種のチューンがあったんです。これは34psの〝S〟なんですが、36psの〝SS〟や〝SSS〟よりは、それでも若干乗りやすいですよ。

徳大寺　SSでもフロンテはまだましだったな。いちばん乗りにくかったのは、フェローMAXのハイチューンモデル。

沼田　リッターあたり110馬力以上という、サブロク軽最強の「40馬力のど根性」を謳ったやつですね。

徳大寺　そう。ダイハツで広報車を借り出し、200mほど走ったところでうっかりアクセルをガバチョと開けたら、ハイそれまでヨ。プラグがカブって、二度とエンジンがかからなかった。

加藤　40ps仕様じゃないですけど、このMAXハードトップは最近入荷したんですよ。

松本　これは希少ですねえ。しかも塗装も含めてフルオリジナルじゃないですか。千鳥格子のシートなど、内装もきれいだし。

徳大寺　なんたってセンターピラーのないハードトップだからな。しかもレザートップ仕様まであったんだぜ。

沼田　ホンダZに始まるサブロク軽のスペシャルティカーってのも、今考えるとスゴイですよね。このMAXハードトップ、ミニカ・スキッパー、そしてフロン

千鳥格子のシートがシャレてますね
最近入荷したフルオリジナルです
ホホ〜ハードトップとはめずらしい
ダイハツ・フェローMAX
ハードトップ

テ・クーペ。箱庭ＧＴというか、盆栽ＧＴというか……。

松本　いかにも日本っぽい発想だよね。

担当　スバルにはその手のモデルはなかったんですか。

加藤　スペシャルティカーはありませんが、スポーツモデルならありましたよ。あそこにあるスバル・ヤングＳＳとか。すでに売約済みで、再メッキに出してるフロントバンパーが出来次第、納車予定なんですが。

沼田　ヤング系は人気があるから、ノーマルを改造した〝なんちゃって仕様〟もあると聞きましたが、これは？

加藤　ホンモノです。エンジンも快調ですよ（と言いながら始動する）。

パパパ〜ン！　ポロポロポロポロポロ……。

松本　キャブが三国製のソレックスツインなんですね。アバルトみたいなライトカバーもカッコイイな。

沼田　でも、当時はなぜかメーカー自ら〝ポルシェタイプ〟と呼んでたんだよ（笑）。

担当　全体的に〝カワカッコイイ〟って感じですね。で、これはおいくらなんですか？

加藤　１７５万円で売れました。

一同　おーっ！

沼田　見たところ欠品もなくオリジナル度も高そうだし、かなりの上物であることはわかりますが、40万円弱だった新車価格の4倍以上とは、いささか驚きました。

加藤　普通のてんとう虫だったら50万円前後からあるんですが、ヤングＳＳは別格なんですよ。数も少ないし。

担当　なるほど。ところで、こちらはスバル３６０中心のお店ということですが、やはり３６０cc軽のなかでスバルがいちばん人気があるのでしょうか？

加藤　そうですね。ＶＷビートルなどと同じく、定番というか、普遍的な支持がありますね。残存数も多いし、整備性のよさやパーツ供給などの面から見て、他車と比べて比較的維持しやすいことも大きな理由だと思います。

松本　パーツは手に入るんですか？

加藤　なんとかなりますよ。人気があるから、再生産パーツなどもけっこうありますし。それにもともと作りが良心的で、ああ見えて意外とタフですから。

担当　へえ、そうなんですか。

加藤　たとえばサスペンションのトーションバースプリングなんか、ウチでは今まで何百台と売ってますけど、一度も折れたという話を聞いたことがないですね。エンジンも絶対的な動力性能は高くないけど、そのぶ

キャブは三国製のソレックスツインですね
てんとう虫の中でもこのヤングSSは別格の人気なんです
ポロポロ
175万円……。新車当時の約4倍かあ

ナリは小さくとも志は高し！

ん無理をしてないから、耐久性が高いんです。

松本　あのすばらしい乗り心地ひとつとっても、理想主義的な設計であることが伝わってきます。ナリは小さくとも志は高いんですね。

徳大寺　飛行機屋が作ったクルマだからな。世界に誇れる傑作と言っていいんじゃないか。

松本　まさにそうでしょう。

徳大寺　ひとつお尋ねしたいんですが、マツダのＫ３６０という軽三輪トラックがありましたよね。私はあれが大好きなんですけど、ご覧になることはありますか？

加藤　う〜ん、めったに見ないですね。ライバルだったダイハツ・ミゼットは、旧車の世界ではけっこうポピュラーなんですが。

沼田　通称〝ケサブロー〟ことＫ３６０のスタイリングは、同じくマツダのＲ３６０クーペやキャロルなどと同様、工業デザイナーである小杉二郎さんが手がけたんですよね。

徳大寺　そう。小杉さんって人は、たいした才能の持ち主だったと思うよ。Ｋ３６０はカタチもいいし、ピンクと白のツートーンというカラーリングも、当時としてはじつにシャレていた。

松本　メカニズムも凝ってますよ。R360クーペと同じアルミ製の空冷4ストロークVツインエンジンをミドシップしていて。

沼田　めったに見ないといえば、加藤さんのプライベートカーというダイハツのコンパーノ・バンも、かなりの希少車ですよね。

徳大寺　ヴィニャーレが手がけたオリジナルはこのバンなんだよな。セダンのほうはダイハツがアレンジしたもので。

松本　顔つきがまんま60年前後のイタリアンデザインですね。ピニンファリーナによるランチア・フラミニアとかプジョー404によく似てます。

沼田　ボディカラーのちょっぴりくすんだブルーも、とってもいい感じだね。

徳大寺　いやあ、今日はいいものを見せていただきました。おかげさまでとっても楽しかった。どうもありがとうございます。

加藤　こちらこそ、こんな小さな店に来ていただいて、ありがとうございました。またぜひ遊びにいらしてください。

一同　ありがとうございました！

いやぁ〜今日はいいモンを見せていただいた。ありがとう
またいらしてください
加藤さんの愛車はコンパーノ・バン。60年代のイタリアの香りがする小粋なバンだ
巨匠が大好きな軽三輪、マツダK360。小杉二郎デザインの傑作車
K360

【カトーモータース】
東京都清瀬市上清戸1-10-10
☎0424-93-2877　URL：http://www.f4.dion.ne.jp/~kato360/

ツアー第08回

侠気《おとこぎ》のあるクルマの侠気のあるミュージアム

スカイラインのデビューは1957年。つまり今年は生誕50周年に当たる。ころころ車名を変えるのが常識の日本車にあっては、異例に長寿の車名なのだ。一方の徳大寺巨匠は68歳。つまり巨匠がジャーナリストになった時、スカイラインはクラウンなんかとともに既に街を走っていた。当然、思い入れは強い。また、かつてトヨタのワークスドライバーを務めた巨匠にとって、スカイラインはにっくきライバル車。書ききれないほどのエピソードが噴出した。

訪問先にふさわしいモデルということで、担当シオミが用意したツアーリムジンは日産の最高級ミニバン、エルグランド。スカイラインと基本的に同じVQエンジンのパワーにモノを言わせて、一路長野県は岡谷にある「プ

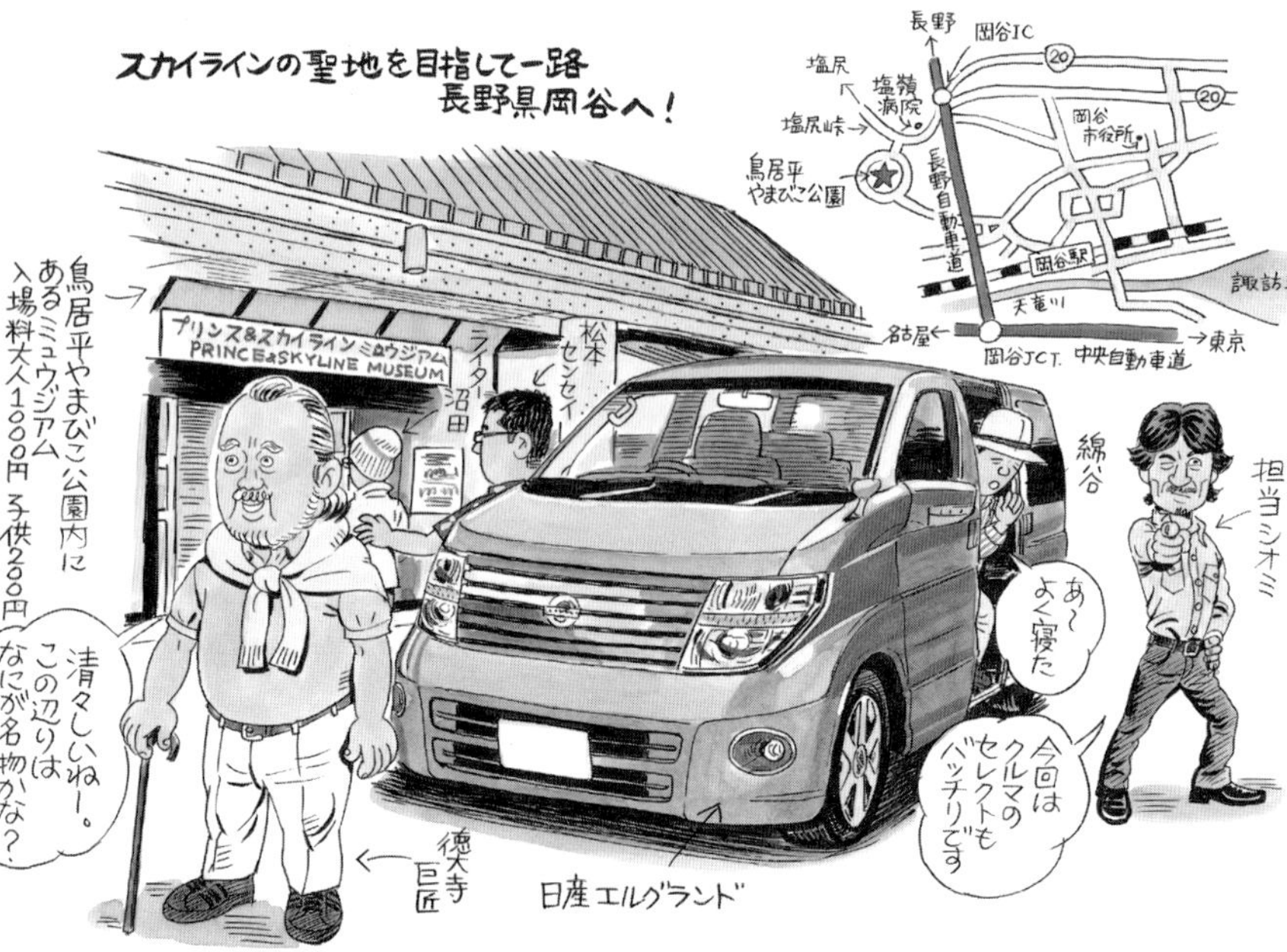

リンス&スカイライン・ミュウジアム」を目指しました。

徳大寺　ところで、今日訪ねるところには、どんなクルマがあるのかい？

担当　えー公式サイトによりますと、初代からの歴代スカイラインおよびプリンス車が計31台展示されているそうです。

徳大寺　ほう、そいつは楽しみだ。

松本　ファンの間では「スカイラインの聖地」と呼ばれているという「プリンス&スカイライン・ミュウジアム」は、今から10年前の1997年にオープンしたそうですね。

沼田　うん。日本車の単独メイクのミュージアムとしては、日本で初めてなんだって。でもってここがすばらしいのは、いくつかのオーナーズクラブが発起人となって立ち上げ、これまでにわたって運営していること。

徳大寺　なるほど。じゃあ展示車両も個人所有によるものなのかな？

沼田　一部メーカーから貸し出されているのもありますが、大半は個人所有車両だと思いますよ。

松本　いいねえ。日本車には珍しく、歴代にわたって熱烈な愛好家のいるスカイラインならではの話だね。

担当　侠気のあるクルマの、侠気のあるミュージアムって感じですかね。

徳大寺　なかなかうまいことを言うじゃないか。

沼田　どうやらツボを心得てきたようだね。

担当　ムフフフフ（含み笑い）。

徳大寺　スカイラインってのはつくづく不思議なクルマだよなあ。レースに勝って名声を得るという成り立ちはヨーロッパ的なのに、クルマの持つ雰囲気はきわめて日本的な義理人情というか、情念を感じさせるのだから。

沼田　もっとも先代V35からは、かつて巨匠が〝演歌調〟と呼んだそのテイストが、良くも悪くも薄まってしまいましたが。

松本　先々代のR34までは、基本的に国内専用車だったからね。レースでも、R32の時代になってようやく国際舞台にチャレンジしたけど、それまでは迎撃専用の国内番長だったし。

担当　同じ日産車でも、英語も話せる帰国子女のようなフェアレディとは、血筋はまったく違うんですね。

松本　どうしたの。今日は妙にサエてるじゃない？

担当　そりゃあ、僕だって巨匠や先輩方の話についていけるよう、日々勉強してますからね。

沼田　さっそく鼻が伸びてきたぞ。ちょっと褒めるとこれだものなあ。

担当　そんな、あんまりじゃないですか……。

ランチア アウレリアを参考にしたんじゃないかな
見た目はアメ車風だけど、中身はヨーロッパ的な設計なんだよ
なんですかって、これが初代のスカイラインだよ
なんですか〜これ？
大卒平均初任給が7800円の時代に82万円もした初代スカイライン

東京を出発してから3時間少々でミュージアムに到着したツアー隊一行。出迎えてくれたスタッフとの挨拶もそこそこにさっそく見学を始めました。

担当　なんですかこれ。ちょっと小さいけど、カッコはまるっきりアメ車じゃないですか！

松本　なにって、1957年に誕生した初代スカイラインだよ。

徳大寺　たしかにテールフィンを生やしたスタイリングはまんま50年代のアメ車の縮小版だな。モールディングも55年ごろのフォード・フェアレーンにそっくりだし。

沼田　この2トーンの塗り分けはオリジナルではないでしょうが、デラックスじゃなくスタンダード仕様というのが非常に珍しいですね。

徳大寺　ああ。でも、スタンダードをこんな感じに塗り分けたタクシーが当時はけっこう走っていたから、違和感はないな。

担当　ということは、スカイラインも最初はスポーティなクルマじゃなかったんですか？

松本　違うよ。これより2年前に出た観音開きの初代クラウンのライバルとなる、法人向けや営業車（タクシー）需要主体の5ナンバーフルサイズの高級サルーンだったんだ。
徳大寺　これは面白いクルマでさ、見た目はこのとおりアメ車風なんだけど、ド・ディオンのリアアクスル（注1）をはじめ、中身はヨーロッパ的な凝った設計なんだよな。
沼田　ド・ディオンを使ったクルマは、世界的に見ても少なかったはずなんだけど、いったい何を参考にしたんだろう？
松本　ランチアのアウレリアあたりじゃない？　さすがにアウレリアみたいにインボードブレーキまでは採用しなかったけど。
沼田　なるほど。〝バックボーントレー式フレーム〟と呼ばれていたシャシーも、ＶＷビートルのプラットフォームシャシーに似てるよね。
徳大寺　ギアボックスも、クラウンがアメリカ式の３段だったのに対して、欧州車に多かった４段なんだよ。少ないパワーを有効に使うには、もちろん４段のほうがいいんだけど、タクシーの運転手には「ギアチェンジが面倒くさい」と不評だったんだ。
沼田　ご自慢のドディオンも、当時の劣悪な道路で酷使されるタクシー向けとしては、耐久性が不安視されていたそうですね。

ど高いなー
63年の東京モーターショーに出展したプリンス1900スプリント。これも井上氏がプロデュースした
ホホーッ
プリンスのデザイナだった井上猛さんがイタリアから数名の板金職人を連れてきて、彼らの指導のもとに作られたそうだよ
ベースとなった最高級車のグロリアが115万円の時代にクーペが185万円、コンバーチブルが195万円。ま、今にすると2000万円以上でしょうか
国産車初のイタリアンデザインのプリンス スカイライン スポーツクーペ
うんちく王、ライター沼田が語る！ 語る！

注1）【ド・ディオン・アクスル】リジッドアクスルながらデフは車体側に固定され、ド・ディオンチューブと呼ばれる1本のパイプで結合された左右の車輪は、それぞれ独立したドライブシャフトを持つ。乗り心地が優れ、路面への追従性も高いが、機構が複雑でコスト高になる。

徳大寺　うん。だから都内ではこれのタクシーを見かけたけど、実家のある水戸に帰るとサッパリだった。

担当　へえ。でもあえてそうしたメカニズムを導入したのだから、プリンスって先進的なメーカーだったんですね。

徳大寺　そうだな。ほかにもＳＯＨＣエンジンやウェバーキャブレターの採用などもプリンスが日本初だったし。

松本　ＯＨＶエンジンやＬＳＤ（リミテッドスリップデフ）、ＡＣジェネレーターなんかもそうですよ。

徳大寺　その反面、この会社は元をたどれば軍用機を作っていた飛行機屋さんだからさ、民需すなわち市場ニーズを軽視して、自分たちがいいと信じたものを作ってしまうひとりよがりな部分があったことも否定できない。

担当　なるほど。ところで隣にあるスカイラインスポーツは、ミケロッティが手がけた、日本におけるイタリアンデザイン導入第1号車なんでしょう？

沼田　うん。メカニズムのみならず、スタイリング面でもプリンスはパイオニアだったわけ。なんでも50年代末に井上猛さんというデザイナーをイタリアに送り、空力の鬼才と呼ばれたフランコ・スカリオーネのスタジオで学ばせていたそうだから。

徳大寺　ほう。じゃあ63年の東京モーターショーに出たスカリオーネ・デザインのショーカーにも、その井上さんが関係していたのかな。

松本　2代目スカイラインのシャシーにアルファのジュリエッタＳＳを太らせたようなボディを架装した、プリンス１９００スプリントと呼ばれるモデルですね。

沼田　あれの原案はスカリオーネだけど、実際に形にしたのは井上さんだったそうだよ。当然ながらスカイラインスポーツに関しても、当時イタリアにいた井上さんがプロデューサーやコーディネーターを務めたのだろうね。

松本　そんな方がいたとは知りませんでした。その井上さんに限らず、この世界にも大事な仕事をしたにもかかわらず、歴史に名が刻まれない人が少なからずいるんだろうなあ。

徳大寺　まったくだ。で、このスカイラインスポーツのボディを製作したのはアレマーノ（注2）だったよな？

沼田　プロトタイプはそうですが、市販車はプリンス製です。井上さんがイタリアから帰国する際に数名の板金職人を連れてきて、彼らの指導のもとに作られた

注2）**【アレマーノ】**ボディ製作、架装を得意とするトリノのカロッツェリア。

そうですよ。

松本　いすゞが117クーペを生産化する際にイタリアから職人を招聘したのは聞いてたけど、それ以前にプリンスがやってたのか。

沼田　で、62年にスカイラインスポーツは発売されたんだけど、ベースとなった国産最高級車のグロリアが115万円だった時代に、クーペが185万円、コンバーチブルが195万円。現在の貨幣価値に換算すると2000万円以上でしょうか。

一同　ど高いな〜。

スカイラインといえば、絶対に外せないのがレース。世に言う〝スカG伝説〟の起源となるモデルを前に、巨匠の口から驚くべき事実が語られました。

担当　これが63年にデビューした2代目スカイラインですか。初代とはまったく印象が違いますね。

松本　それもそのはず。5ナンバーフルサイズは初代の途中で追加された兄弟車のグロリアにまかせて、2代目はコロナやブルーバードと市場を争う1・5ℓ級のファミリーカーにダウンサイジングしたんだよ。

徳大寺　そして翌64年の第2回日本グランプリ用の秘

当時、他社のドライバーだった巨匠もこっそり乗せてもらったスカイライン2000GT-B

密兵器として、その鼻先を約20cm伸ばしてグロリア用の2ℓ直6SOHCエンジンを押し込んだこのGT、すなわち初代スカGを急造したというわけさ。

担当　スカイラインのスポーティなイメージは、これに始まるわけですね。GT-Bというのがウェーバーキャブを備えていたんでしたっけ？

沼田　そうなんだけど、ちょっとややこしくてさ。最初にホモロゲーション用に100台作られた〝スカイラインGT〟はシングルキャブ。次にカタログモデルとして登場した〝スカイライン2000GT〟はウェーバー3連キャブ。それが後に〝2000GT-B〟に改称され、同時にシングルキャブ仕様が〝2000GT-A〟の名で復活したんだよ。

徳大寺　そのGTは今なお語り継がれる存在だけど、ベースとなった1500のレーシングバージョンもスゴかったんだぞ。

松本　巨匠がRT20コロナで出場した第2回グランプリのツーリングカーレースで、1〜8位を独占したというやつですね。

徳大寺　そう。なんたってコロナ勢よりラップタイムが10秒以上速かったんだから。端から勝負になりゃしない。

レースで前人未到の50勝！スカイラインといえばやっぱハコスカですねー
イメージキャラクターだった蟇目良くんは、うちのカミサンとモデル事務所が一緒でね。だからボクも友達だったんだ
やっぱ男は、野蛮なくらいの方がいいんですかね？
野蛮で男臭さが魅力の
ハコスカ、初代スカイラインGT-R

担当　そりゃ強烈ですね。

徳大寺　もう悔しさを通り超してあきれてたんだけど、クルマ好きとしてはいったいどんな走りをするのか興味津々でさ。プリンスのエースだった（生沢）徹に「ちょっと乗せてくれ」って頼んだんだ。そうしたら「じゃあコースの裏のほうで、こっそり乗せてやるよ」って。

松本　乗せてやるよって、ワークスマシンでしょう？しかも敵のドライバーに（笑）。

沼田　いい時代だったんですねえ。で、どうでした、スカイラインは？

徳大寺　ただのOHVシングルキャブなのに、エンジンがよく回るのに驚いた。加えて全体のバランスがすばらしかったな。

沼田　そうですか。巨匠のコロナもスペック的には見劣りしなかったわけでしょう？

徳大寺　うん。でもまったく歯が立たなかった。零戦をはじめとする旧日本軍機に積まれた〝栄〟や〝誉〟といった航空エンジンの設計者として高名な中川良一さんが率いていた、プリンスの技術部門の力を見せつけられたね。

担当　それはそれは。もしかして、GTのほうも乗せてもらっちゃったとか？

徳大寺　ああ、乗ったよ。〝プリンスの7人のサムライ〟と呼ばれたワークスドライバーの中に、杉田幸朗さんっていう走行実験科に属するテストドライバーがいたんだけど、すごくいい人でさ。彼が乗せてくれたんだ。

担当　冗談で話を振ったつもりなんだけど、ホントに乗ってたとは。で、どうでした？

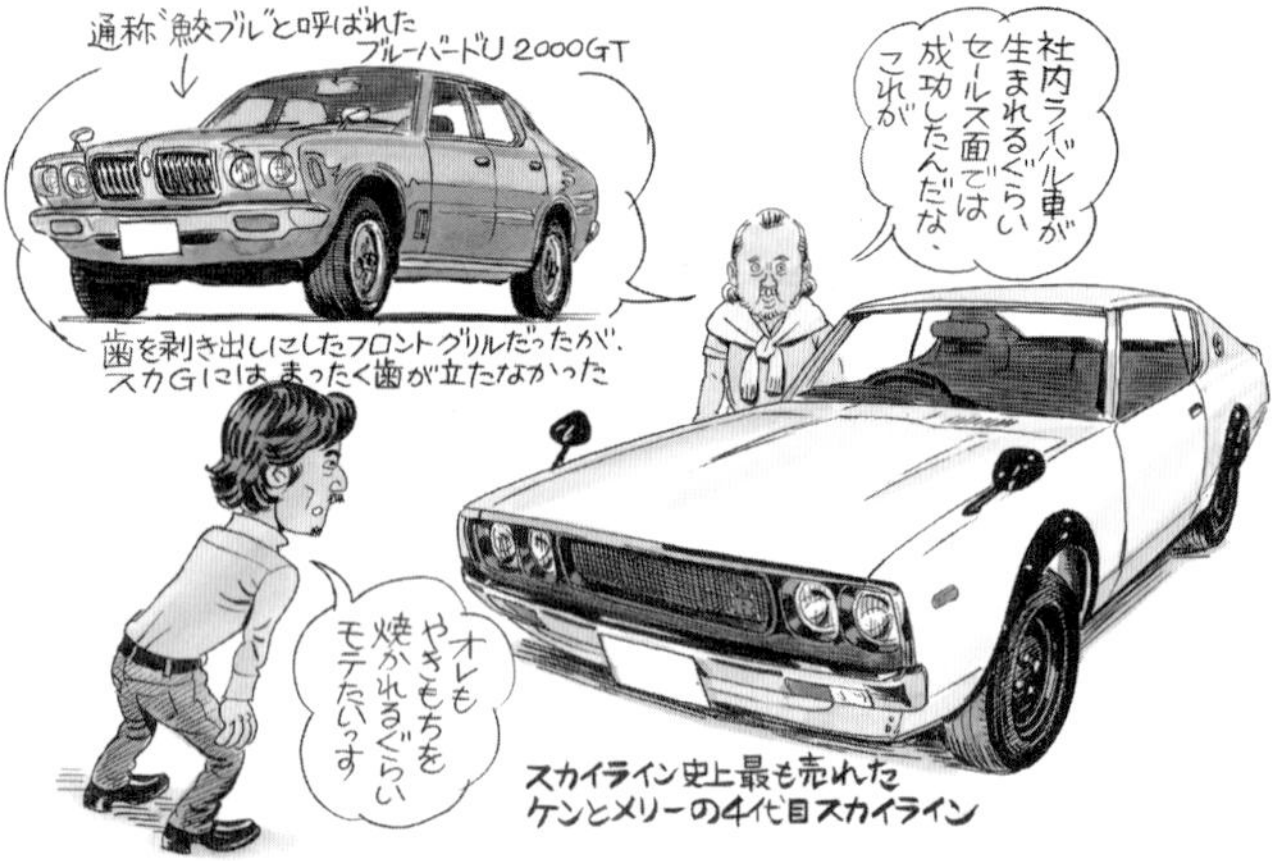
通称〝鮫ブル〟と呼ばれたブルーバードU 2000GT
歯を剥き出しにしたフロントグリルだったが、スカGにはまったく歯が立たなかった
社内ライバル車が生まれるぐらいセールス面では成功したんだな、これが
オレもやきもちを焼かれるぐらいモテたいっす
スカイライン史上最も売れたケンとメリーの4代目スカイライン

徳大寺　まずは3連ウェーバーの吸気音にシビレたね。それとGTには5段ミッションが付いてたんだけど、これのシフトパターンがヘンだったな。1速から2速に入れようとすると、シフトミスしたわけでもないのに4速に入っちゃったり。だからダッシュボードにでっかくシフトパターンが書いてあったよ。

松本　しかし、プリンスのワークスマシン、それも2台に乗った他社のドライバーというのも、巨匠ぐらいでしょうね。

ワークスマシンの話で盛り上がるツアー隊の様子を見たミュージアムのスタッフが、館内にある映写コーナーで、スカイラインのレース史を記録したビデオを流してくれました。それを見て、さらにディープな話題が続々と……。

松本　鈴鹿で開かれた第2回日本グランプリで、生沢さんのスカGが式場（壮吉）さんのポルシェ904カレラGTSを従えてグランドスタンド前を通過し、〝スカG伝説〟が誕生した瞬間を巨匠は目撃してるんですよね。

徳大寺　もちろん。俺は式場くんのピットの責任者だったんだけど、グランドスタンドの観客が総立ちになって、地響きのような大歓声を上げたあの光景は忘れられないよ。

沼田　生沢さんがポルシェ・カレラ6で日産R380Ⅱを下した第4回グランプリでも、巨匠はピットクルーを務めてたんでしょう?

徳大寺　うん。

沼田　以前に生沢さんが語ってましたよ。シフトミスしてコースアウトしたあと、各部を点検すべく緊急ピットインした際に、巨匠が機転を利かせて燃料補給してくれたことが大きな勝因だったと。

徳大寺　そうかい。あのときはゴールまで燃料が持ったからよかったようなものの、残量がホントにギリギリ。俺としても賭けだったんだよ。

担当　へ～え。(スクリーンを眺めながら)じゃあこの第3回グランプリのときは?

徳大寺　砂子(義一)さんのプリンスR380が滝(進太郎)さんのカレラ6に勝ったレースだよな?　そのときは珍しくのんびりグランドスタンドから眺めてたよ。

松本　お、カレラ6がピットイン。

徳大寺　あ、あれ俺だ。左端にいたぞ。

担当　なんだ。やっぱりピットにいたんじゃないですか!

徳大寺　おかしいなあ、記憶にないんだけど。でも映ってたということは、滝さんを訪ねていって、そのままピットで見てたんだろうな。

沼田　まあそれは置いといて、第3回から5回までの日本グランプリで活躍したR380用のレーシングユニット直系の直6DOHC24バルブ2ℓエンジンを積んだモデルが、あそこにある型式名PGC10こと初代GT-R。

松本　あれが発売されたのって69年ですよね。当時4バルブエンジンを積んだ市販車って、世界的に見ても唯一の存在だったんじゃないの?

沼田　確かにそうだね。

担当　巨匠、初代GT-Rに何か思い出はありますか?

徳大寺　発売されてすぐに広報車を借りたんだけど、ラジオはもちろんヒーターすら付いてなかった。エンジンはパワフルだけどラフで、なんとも野蛮で男臭いクルマだったな。その野蛮さが魅力だったんだけど。

松本　それでも普通のGTが90万円弱だった時代に1

巨匠〜、まだ話の続きを！
ソリッドの赤に塗装されたGT-Rなんて珍しいですね…
あれ、巨匠は!?
スカイラインはもういいよ。それより今は鰻

巨匠が唯一所有したスカイライン、それがR32 GT-R

50万円もしたんですね。つまりは両車の差額がエンジン代ということなんですが。

担当　「愛のスカイライン」というキャンペーンは、通称ハコスカと呼ばれるこの3代目の時代ですよね。

徳大寺　そう。イメージキャラクターの男性モデルが、後に俳優に転向した蟇《ひき》目《め》良《りょう》。ウチのカミさんがその昔、彼と同じモデル事務所に所属していたから友達だったんだけど、いい男だったな。

松本　GT－Rがレースで前人未到の50勝を記録するなど、スカイライン史上燦然と輝くモデルであるハコスカ。でもセールス面では、「ケンとメリーのスカイライン」というキャッチフレーズを略して通称ケンメリと呼ばれる4代目がもっとも成功したんでしょう？

徳大寺　ああ。だがそれゆえに、同じ社内にまで対抗車種を作られてしまったんだ。

担当　なんですか、それ？

徳大寺　ブルーバードUの2000GT。おそらく吸収合併した旧プリンスのスカイラインの人気をうらやんだ日産系の販売店の要望から生まれたのではないかと思うんだけど、ノーズを伸ばして直6を積むという、スカGとまったく同じ手法で作られていたんだ。

担当　そんなのがあったんですか。で、その社内ライ

バルはどうだったんですか？

沼田　歯を剥いた鮫みたいな顔つきから、俗に〝鮫ブル〟と呼ばれてたんだけど、スカGの人気には遠く及ばなかったよ。

担当　ふ〜ん。さて、話は変わりますが、巨匠はこれまでにスカイラインを所有したことはあるんですか？

徳大寺　1台だけあるよ。R32のGT－R。日産に頼んで、朱色がかった赤に塗ってもらったんだ。

松本　巨匠のクルマだとは知りませんでしたが、それなら環八や駒沢通りで何度か見かけました。ソリッドの赤で塗られたGT－Rなんて珍しいから、間違いなくそうでしょう。

担当　しかし、赤がイメージカラーのNSXは黒く塗って（注3）、ガンメタがメインのGT－Rは赤。巨匠も相当のヘソ曲が……いや個性派ですね。

徳大寺　言い直さなくていいよ。自分がいちばんよくわかってるから。

担当　お気遣いありがとうございます。というところで、そろそろ失礼することにしましょうか。

徳大寺　そうだな。じゃあ記念にスーベニアショップでR32GT－Rのミニカーを買っていこう。俺、ミニカーコレクションの趣味はないんだけど、自分が所有したクルマだけは買うことにしてるんだ。

担当　巨匠、こちらのミュージアムでも、来館記念に写真撮影とサインをお願いしたいそうなんですが。

徳大寺　はい、わかりました。

担当　ところで、帰りがけにお昼を食べたいんですが、岡谷の名物はなんですか？

女性スタッフ　そうですね、鰻でしょうか。おいしいお店がありますよ。

徳大寺　ほう、鰻。じゃあさっそくお店を教えていただいて……。

一同　行きましょう！

注3）P66参照。

ツアー第09回

一戸建てが買えた時代のメルセデス

新型Cクラス登場を記念して、今回一行はクラシック・メルセデスを取材した。60年代、メルセデスを買う予算があったら都内に家を建てられたという。それほどの高級車だけに古くともいい状態で残っている個体が多い。もちろん、それはメルセデスがそれだけの耐久性を与えたということと無関係ではなかろう。

今回のツアーリムジンはメルセデス・ベンツR350 4マチック。性能、居住性ともに文句なしの、クラシック・メルセデス専門店の訪問にピッタリの選択です。まずは神奈川県にある「カーセレクト」に向かいました。

担当　これから行く「カーセレクト」は、試乗会で大磯に行くたびに気になっていた、古いメルセデスが並んでいる国道1号線沿いの店です。

徳大寺　ああ、あそこか。おもしろそうだな。

松本　先日見たときには、1960年代のメルセデスのマイクロバスなんかも並んでましたから、かなりマニアックな店だと思いますよ。

徳大寺　そうかい。大磯といえば、昔からメルセデスが多かったんだよ。伊藤博文をはじめ歴史上の人物が別荘を構えていた高級別荘地だったからな。

松本　そうですね。大磯でメルセデスといえば、有名なのは吉田茂でしょうか。

徳大寺　うん。

沼田　乗っていたのはたしかハネベン（注1）の３００ＳＥＬだったっけ？

担当　へえ。ところで、メルセデスは巨匠とは縁の深いブランドだと思うんですが、最初に手に入れたモデルは何だったんですか？

徳大寺　忘れもしない、３００ＳＥクーペだね。ボディが薄いブルー、トップが濃いブルーのツートーン。前オーナーが女性のワンオーナー車だったから、程度はとてもよかった。

松本　おしゃれだなあ。いつごろの話ですか？

徳大寺　60年代後半だったと思う。

沼田　３００ＳＥクーペというと、ハネベンがベースの縦目のクーペですね。60年代初めに２２０ＳＥから始まって、最終的に３・５ℓＶ８を積む。

徳大寺　そう。あれの３ℓ直６のやつ。

松本　クーペとカブリオレはインテリアにウッドとレザーを多用するなど凝った作りで、すごく高かったんですよね。

沼田　３００ＳＥクーペの新車価格は、６５０万円くらいしたはずですよ。

担当　カローラが50万円ぐらいだった時代の話でしょう？　中古とはいえ、巨匠は若くしてそんな高級車を乗り回してたんですか。

徳大寺　相当に生意気だな。今の俺が昔の俺に説教してやりたいよ（笑）。

松本　で、どうだったんでしょう？

徳大寺　ダメ。なぜかというと３００はエアサスなんだけど、これが弱点なんだ。サスのエア抜きから汚くて臭い水が出てくるわ、メインテナンスは金がかかるわで。

松本　ははあ。エアをコンプレッサーで圧縮する際に水分が出ちゃうんですね。

担当　以前に伺った、ハイドロのオイル漏れの修理費が嵩んで離婚寸前までいったシトロエンＧＳといい、そのメルセデスといい、巨匠は何かと〝液体〟に悩まされたみたいですね。

徳大寺　まったくだ。

注1）**【ハネベン】**1959年デビューの220シリーズに始まる、テールフィンを生やしたボディを持つモデルの俗称。「羽根のベンツ」を略してこう呼ばれる。

横浜、平塚を経て、３年ほど前から大磯で営業しているという「カーセレクト」。メルセデスを中心に、ロールス・ロイスやベントレー、ポルシェなどのクラシックなモデルを揃えたお店です。代表の村山弘樹さんにお相手していただきました。

担当　さっそくですが、今日はマイクロバスが見当たりませんね？

村山弘樹（敬称略、以下村山）　あれはバスではなく67年式のデラックス・キャンパーなんですが、あいにく改造中なんですよ。エンジンが55psしかない２ℓディーゼルなので、ぜんぜん走らなくて。それでハイエース用の３ℓディーゼルターボとＡＴに換装し、ブレーキも強化すべく大手術を施している最中なんです。

松本　そうですか。拝見できないのは残念ですが、仕上がりを楽しみに待ちましょう。では古いほうから拝見していくとして、このダルマ（注2）の２２０Ｓクーペ、ビッカビカですね。

村山　それは群馬の納屋から発掘されたクルマで、あちこち腐っていて無残な姿だったのを引きずり出してきて、数年がかりでフルレストアしたんですよ。

担当　58年式とのことですが、この時代からメルセデスはＡＴが付いてたんですね。

村山　これが普通のＡＴじゃなくて、シフトノブを握るとクラッチが切れて、離すとつながるという、ポル

いいですねー
ただ今改造中の67年式デラックスキャンパー
みんな好きなクルマなんでつい手をかけすぎちゃって…。儲からないから雑誌の撮影にも貸し出しますよ（苦笑）
『カーセレクト』代表・村山弘樹さん
メルセデスをはじめロールス・ロイスやベントレー、ポルシェなどのクラシックなモデルを所狭しと展示。じつに楽しいショップだ

注2）**【ダルマ】**1953年から60年まで作られた、ハネベンより1世代前のモデルの俗称。欧米では"Ponton"と呼ばれる、曲線的なスタイリングに由来する。

おお〜、ウェスタン自動車のプレート付きだ
お金持ちの考えることはわかりませんねー
メチャメチャお金をかけて作り直したんだけど、オーナーは2000キロ乗ったら飽きちゃって『売ってくれ』と
ヤレた220Sもよし
ビカビカの220Sクーペもまたよし

シェのスポルトマチックのようなセミATなんですよ。

松本　メルセデスにそんなのがあったとは知りませんでした。

徳大寺　ザックス製の電磁クラッチだろう。ATを望むアメリカ市場の声に応えて用意されたんだよ。

松本　リビルドが大変そうですね。

村山　エンジンとミッションは、ドイツ本国のオールドタイマーセンター（注3）に送ってリビルドしました。1年がかりでしたが、腕はさすがですね。こんなにエンジンの静かなダルマは初めて見ましたよ。

担当　ということは、メチャメチャお金もかかってるんじゃないですか？

村山　ええ。内装のウッドなんかも全部作り直してますからね。それだけ凝ったのに、オーナーは2000kmぐらい乗ったら飽きちゃって、売ってくれないかと。

松本　金持ちの考えることはわからないなあ。同じダルマでも、奥にあるセダンは自然にヤレた感じがいいですね。

村山　あれも58年の220Sなんですが、ディーラー車なんですよ。

沼田　へえ、そりゃ貴重だ。僕と同じ年式だし。

担当　それは関係ないと思いますけど。

注3）**【オールドタイマーセンター】** 1993年にダイムラー本社に設立された、クラシック・メルセデスのレストアやリビルドを担当する部門。
注4）**【ウエスタン自動車】** 1952年から86年までメルセデス・ベンツを正規輸入していたヤナセの子会社。

村山　（ボンネットを開けながら）色が剥げちゃってますけど、ちゃんと〝ウエスタン自動車〟（注4）のプレートも残ってますよ。加えて珍しいことに、ヤナセ純正のクーラーが装着されてるんです。

徳大寺　後席の後ろから冷気が噴き出す、トランクタイプですね。

村山　ええ。ハネベンでは見たことがあるけど、ダルマのクーラー付きはこれが初めてです。

担当　効きますか？

村山　いえ、今は壊れちゃってます。でもクルマ自体は調子いいですよ。どこかのショールームに20年ぐらい置きっぱなしだったそうなんですが、ブレーキまわりをオーバーホールしただけで復活しました。

松本　あのハネベンのショートノーズ（注5）も、なかなか珍しいんじゃないですか。

村山　ええ。ショートノーズというと普通は4気筒の190か200ですが、これは65年から2年間しか作られなかった2・3ℓ直6を積んだ230なんです。

AT、パワステ、エアコン、純正サンルーフ付きと、この当時から今のクルマと変わらない仕様ってスゴイですね
このクルマなら向こう10年は乗れるな。乗り心地だって今のクルマに負けず劣らず。そう考えるとこれはお値打ちだよ

巨匠イチ押し！
67年式 230ハネベン

徳大寺　たしかに6発は珍しい。

村山　しかもご覧のとおり程度は極上で、AT、パワステ、エアコン付き。さらにうれしいことに純正サンルーフまで付いてます。

松本　内装もすごくきれいですね。

村山　純正の生地を使って張り替えてあると思うんですが。

担当　で、これは315万円ですか。

徳大寺　いいじゃないか。おそらくこのクルマなら、乗って帰ってそのまま足に使えるよ。

松本　クロームで飾られたハネベンもゴージャスでいいけれど、シンプルで光り物のないショートノーズも、これはこれで魅力がありますね。

沼田　2つ目の顔つきもトボけた感じでいいよね。ま、

注5）**【ショートノーズ】** ダルマとハネベンの時代は、基本的なボディシェルは共通でも4気筒と6気筒でノーズの長さ（ホイールベース）が異なっていた。

ドイツのタクシーって言っちゃえばそれまでなんだけど。

担当　僕は隣にある４５０ＳＥＬ６・９が気になりますね。戦後メルセデス最大のエンジンを積んだサルーンなんでしょう？　それが２４０万円と２３０より安いんだから。

松本　これ、シャコタンになってますね。

徳大寺　６・９の足まわりはシトロエン特許のハイドロだから。

村山　そうなんです。だからしばらくエンジンをかけてないと、車高が下がっちゃうんですよ。ハイドロのシトロエンと同じで。

徳大寺　６・９は正規輸入されなかったんだよな。これの前身である３００ＳＥＬ６・３はウエスタンが50台ほど入れたはずだが。

担当　さすがに詳しいですね。

徳大寺　両方乗ってたからな。

松本　６・３と６・９を比べるとどうですか？

徳大寺　一言で言うと、６・３はカッコいいけど弱いクルマで、６・９はいいクルマだけど形がつまらない。

松本　なるほど。６・３が弱いという理由はなんでしょう？

徳大寺　のべつ後ろから強烈なトルクで押されてるから、シャシーが上方向に「く」の字型に曲がってきちゃうんだ。あとＡＴもトルクに負けちゃう。

松本　メルセデスらしからぬ話だけど、その過剰さが６・３の魅力なんでしょうね。

徳大寺　ガソリンスタンドで洗車して、濡れたコンクリ床に構わず勢いよく出ようとすると、その場でスピンしちまうくらいだから。

担当　すげ〜、カッチョイイ！

沼田　６・９はそこまでワイルドじゃないんですか？

村山　普通に乗れますよ。徳大寺さんがおっしゃったように正規ものはないので、これも並行輸入なんですが、ずっとヤナセでメンテナンスを受けながら乗られていたワンオーナー車ですから。

担当　そうですか。というところで、そろそろおいとましましょうか。

徳大寺　そうだな。村山さん、今日はたっぷり楽しませていただきました。どうもありがとう。また寄らせていただきます。

村山　こちらこそ、遠いところをありがとうございました。ぜひまた遊びにいらしてください。

一同　ありがとうございました！

巨匠がかつて所有していた、歴史に残る2台のスーパー！　メルセデスの思い出話で盛り上がった一行は、その勢いのままランチタイムに突入。メルセデス好きの有名人にまつわる貴重なエピソードも飛び出しました。

ボクはコイツのパワーが気になるんですけど
シオミくんは品のない運転が大好きだからな
240
超ド級モデル 81年式450SEL6.9
国内26年間1オーナー、ヤナセフルメンテナンス、
240万円にシオミ、胸キュン！

担当　さきほど6・3と6・9の話が出ましたが、ほかにどんなモデルを所有したことがあるんですか？

徳大寺　そうだなあ。ちょこっとだけ230SLに乗ったな。マニュアルで、前オーナーは女優の加賀まりこだったらしい。

松本・沼田・担当　おーっ。

徳大寺　最初に買った300SEクーペと同じボディに3・5ℓV8を積んだ280SE3・5クーペは3台乗った。

担当　同じクルマを3台も！　新しいところでは先代SLやSLKも乗られてましたよね。で、今まで乗ったメルセデスのなかでいちばんよかったのは何ですか？

徳大寺　SLCだな。俺の乗ってたのは、正規輸入されなかった500SLCなんだけど。

松本　その理由は？

徳大寺　まずボディサイズが大きからず小さからず適度なこと。エンジンは5ℓだからパワーは十分だし、いざとなれば4人乗れるので、足としては最適だった。SLよりずっと好きだったな。

松本　考えてみれば、SLCって一代限りなんですね。

徳大寺　そうなんだ。SLは連綿と続いているのに。

もっとも最初の300SLとそれ以降のモデルでは、まったく性格が異なるが。

松本　300SLでもガルウイングはリアルスポーツカーだけど、ロードスターはちょっと違いますよね。

徳大寺　ロードスターはアメリカ向けだからな。そうそう、ガルウイングといえば石原裕次郎が有名だけど、その昔、こんな光景を見たことがあるんだ。

担当　へえ、どんな？

徳大寺　あれは空前の豪華披露宴が話題になった裕次郎と北原三枝の結婚式の、まさにその翌日（注6）だった。たまたま俺は渋谷の駅前にいたんだが、青山通りから道玄坂下に向かって、2人が乗ったガルウイングが下ってきたんだ。おーっと思って見てたんだけど、おそらく渋滞で調子を崩しちゃったんだろうな。アクセルを踏み込んでいるんだろうけど、エンジンがカブリ気味でグズってた。

松本　世界初となる300SLのガソリン直噴エンジンは、気難しかったんでしょうね。

徳大寺　そのうちに突然エンジンが猛然と吹け上がったと思ったら、そのSLは爆音を吐き出しながらフルスロットルで一気に道玄坂を駆け上がっていったんだ。思わず見とれたね。

松本　そりゃシビレますね。映画以上に映画のようなシーンじゃないですか。

徳大寺　だろう？　あの光景は今でも脳裏に焼き付いてるよ。

渋谷ご目撃した石原裕次郎の300SL（ガルウィング）は今も脳裏に焼き付いて離れない
おおぉっ
前オーナーが加賀まりこだったらしい230SL
巨匠が乗った歴代メルセデスの中で一番好きなのは500SLCだ
まだまだキミたちにはクラシックメルセデスの良さがわからないだろうなー
巨匠ちまきもどうぞ

大磯プリンスホテル内の中華レストランにてランチ

注6）裕次郎と北原三枝の結婚式は1960年12月2日。今から48年前の話である。

ツアー隊が次に向かったのは、世田谷区下馬にある「ガレージ310（ミト）」。質の高い仕事ぶりで知られる、クラシック・メルセデスのエキスパートです。代表の水戸照昌さんにお話を伺いました。

担当　こちらはいつごろから営業してるんでしょう？

水戸照昌（敬称略、以下水戸）　私は今年で71歳になるんですが、18歳からメカニック修業をして、1963年に独立しました。最初はこの近くの国道沿いでやってて、ここに移ってきたのは67年ですね。

松本　当初からメルセデス専門だったんですか。

水戸　いやいや、昔は何でもやってましたよ。60年代のベンツなんて、都内に一戸建てが買えるくらいの値段だったんですから、数も少なかったし。クラシック・メルセデスに特化したのは二十数年前からですね。徐々にクルマの電子化が進んできて、このままいくと我々のようなクルマ屋には直せなくなってしまうだろうと考えたんですよ。だったら好きで、得意な分野に絞ろうと。

担当　メインのビジネスとしては、レストア車の販売ということになるのでしょうか？

水戸　そうですね。ウチは中古車屋じゃないから買い取りとかはしないし、お客さんの望む仕様に仕立てるだけ。もちろん整備や修理はしますが。

松本　お客さんが望めばアップデートもするんですか。

水戸　もちろんしますよ。というか、オリジナルのままじゃ渋滞の多い都内なんか走れませんから。リクエストがあれば、エンジンやミッションを新しいメルセデスのものとスワップすることもあります。オリジナ

クラシックメルセデスといえばココ
310
今日の道路状況にマッチするようにエンジンやミッションを新しいメルセデスのものとスワップもしますよ
店先にはゴージャスな縦目のクーペやカブリオレがズラーッ
今年71歳になる水戸さんは、取り扱うクラシックメルセデス同様アンチエイジングな方だ
『ガレージ310（ミト）』の代表・水戸照昌さん首元のスカーフが小粋だ

ルをフルオーバーホールするのと、コスト的にはあまり変わらないんですよ。ただし乗り味はまったく変わっちゃうけど。いっぽうは自動車らしい音と振動が魅力で、いっぽうはスムーズで静かすぎるくらいだから。

担当　やっぱりオリジナルが好みですか？

水戸　そうだったけど、最近はスムーズなほうがいいかな（笑）。

担当　そうおっしゃる水戸さんの目には、現代のメルセデスはどう映るんでしょう？

水戸　ベンツに限らず、昔のクルマは修理して使うことを前提に作られていたけど、今はそうじゃない。だから部品の作りなどは昔に比べたら華奢ですよ。でも、これはいいとか悪いとかじゃなくて、時代が違うんだからしょうがないでしょう。メルセデスだって昔みたいなクルマ作りを守ってたら、とっくに会社がつぶれてたんじゃないですか。

松本　たしかにそうですね。ところで、現在整備のため入庫しているうちの大半が縦目のクーペとカブリオレのようですが、やはりこのあたりに人気があるのでしょうか？

水戸　そうですね。今日もこれから２５０ＳＥクーペを納車するところなんです。

担当　それはそれは、お忙しいところをおじゃましてすみませんでした。ありがとうございました。

担当　ところで巨匠、今日見たクラシック・メルセデスのなかでいちばん気に入ったのはなんですか？

徳大寺　そうだなあ、２３０かな。

松本　ショートノーズですか。意外ですね。

徳大寺　さっきも言ったように、あれならそのまま足で乗れそうだからな。趣味性は低いけど、入門用としては最適じゃないか。

沼田　じゃあシオミくんにピッタリだ。

担当　えっ、オレっすか？　個人的には４５０ＳＥＬ６・９のほうが好みなんだけど……。

松本　権威主義だね。君みたいな人間が虎ならぬメルセデスの威を借りて、品のない運転をするんだろうな。

担当　お言葉を返すようですが、そういう松本先生だって、口ではフランス車の味がどうこうとか言いながら、デカくて速いドイツ車が大好きじゃないですか。

松本　なんだって、失敬な！

徳大寺　やれやれ、君たちにはまだまだクラシック・メルセデスは無理なようだな。

松本・沼田・担当　……。

【ガレージ310】
東京都世田谷区下馬4-19-5
☎03-3422-1966　URL：http://garage310.com

ツアー第10回

売る好き者に見る好き者

店内にお邪魔するとまずミントのロータス・ヨーロッパとコルベット・スティングレイが出迎えてくれる。

店先にはオースチン・セブンがさっきまで走っていたような状態で置いてあった。

毎月中古車店を訪ねている我々の場合、最初の数台を見れば残りのラインナップがだいたい想像できることが多いのだが、ここは最後の1台まで驚かされっぱなしの品揃えだったのであった。

ツアー隊が向かったのは、埼玉県戸田市にある「クラシックガレージ」。なんでもこの店、巨匠とは浅からぬ縁があるお店のようで……。

徳大寺　今日はどこに行くんだい？

担当　埼玉県戸田市の「クラシックガレージ」という

お店にお邪魔します。

徳大寺　それ、ひょっとして小林さんの店か？

担当　そうです。オーナーの小林和夫さんと巨匠とは古いお知りあいなんですってね。

松本　しばらくお目にかかってないので楽しみだとおっしゃってましたよ。

徳大寺　そうかい。ＮＡＶＩで彼の店に取材に行ったことがあるんだけど、いつだっけなあ。

沼田　出かける前に調べてみたところ、１９９２年12月号でした。

徳大寺　15年も前か。小林さんといえば、俺は彼にクルマを捨てられたことがあるんだよ。

松本　捨てられた？　いったい何を？

徳大寺　サンビーム・タルボっていう50年代のイギリスのセダンなんだけど、これが学生時代から欲しかったんだ。でも、いざ買えるような身分になったときには、そんなクルマはどこにもありゃしない。

担当　はあ、それで？

徳大寺　今から30年近く前だったと思うけど、ＮＨＫの朝の連ドラを見てたらそのサンビーム・タルボがチラッと出てきたんだよ。あわてて持ち主を探して交渉し、運良く譲り受けたというわけさ。

松本　どんな状態だったんですか？

徳大寺　趣味の悪いグリーンに塗られてて、相当ヤレてたな。いずれ直すつもりで、しばらく小林さんに預ってもらってたんだ。彼は英国車のエキスパートだから。ところが……。

沼田　ところが？

徳大寺　ある日ドアを開けようとしたら、ドアハンドルがポロっと取れちゃったらしい。で、部品も見つからないし、これから先もあれこれ金がかかりそうだから、これはあきらめてもう捨てましょうといわれて。

担当　小林さんもその話は忘れられないようで、巨匠に恨まれてるんじゃないかと心配してましたよ。

徳大寺　ハハハ、そんなことはないよ。昔の話さ。ところで、彼は今も英国車を専門に扱っているのかな。どんなクルマを揃えてるんだろう？

担当　それは見てからのお楽しみということで……。

「クラシックガレージ」に無事到着したツアー隊。徳大寺巨匠との15年ぶりの再会を懐かしむ同社代表の小林和夫さんに、まずはショールームでお話を伺いました。

小林和夫（敬称略、以下小林） 大変ごぶさたしてます。お元気そうでなによりです。

徳大寺 こちらこそ。お店が立派になりましたが、以前とは場所が違いますよね。

小林 ええ。かつて徳さんがいらしたときは東京の高島平でやってました。そのとき私、たまたま入庫していたメルセデスＳＥＣのＡＭＧに乗ってたんですが、「英車屋の看板を掲げてるのに節操がない」と叱られたんですよ。

松本・沼田・担当 ワハハハハ（笑）。

徳大寺 そんな失礼なことを言ったかなあ。

小林 いまじゃご覧のように、ますます節操がなくなってます。

担当 小林さんは、いつごろからこうしたガレージをやってるんですか？

小林 始めたのは27歳のときで、現在58歳ですから、30年を超えちゃいました。

徳大寺 今は売買がメインなんですか。

小林 いいえ、板金塗装とメインテナンスです。いいクルマを持ってたのに、バブル崩壊によってほとんど捨て値で手放さざるを得なくなってしまったお客さんを何人か見ているうちに、売り買いするのがいやになっちゃって。そうした状況も落ち着いたので、今は販売もしてますけど。

担当 このコルベット・スティングレイは売り物ですか？

小林 ええ。

松本 これは希少ですよね。Ｃ2と呼ばれる2代目コルベットの、最初の1年間だけ作られたスプリット・ウィンドウ。

沼田 しかも程度は抜群。

小林 これは僕自身が欲しかったんですよ。アメリカ車のなかで初代コルベット、初代Ｔバード、59年のキャデラック、そしてスプリット・ウィンドウのスティングレイの4台は大好きなので、手に入れちゃいました。初代コルベットは隣の工場にありますから、見てください。

徳大寺 さっそくファクトリーを拝見しようか。

小林 どうぞ、ご案内します。

２階建てのファクトリーは、１階が板金塗装で、２階が整備工場。１階ではマセラティ３５００セブリング、フィアット・ディーノ・スパイダー、ランチア・フラミニア３Ｃなどがボディワークを、２階ではアストン・マー

窓枠の立て付けといい、フェンダーといい、1台として同じモノはありません。まさにハンドメイドですよ
DB5はこの色が最高だね!
敷居が高くて手がでないや
なにげにアストンマーチンを整備しているとこがスゴッ!

ティンDB5、ディーノ246GTB、初代コルベット、そしてメルセデス・ベンツ300SLなどがメインテナンス作業を受けていました。

徳大寺　なかなかいい雰囲気だね、このDB5。

小林　そういえば徳さんのDB6はどうしました?

徳大寺　友人に譲りました。いいクルマだったんだけど、トリプルウェバーのヴァンティッジだったから、キャブ調整が大変でね。

松本　おっ、トランクのなかにスーパーレッジェーラの骨組みが見えるぞ。

担当　こんな細い鋼管なんですか?。

小林　非常に繊細な作りですよね。ドンガラにしてから再塗装して、窓枠を取り付けようとしたら、そのままじゃ入りませんでしたから。

徳大寺　ほう。

小林　フェンダーの膨らみなんかも、左右で微妙に違うんです。

松本　さすが生粋のサラブレッド。ホントのハンドメイドなんですね。

沼田　カッコイイけど、格調高すぎてとてもじゃないけど手を出す気にはなれないなあ。僕はこの初代

コルベットのほうがいいや。

松本　これはバリものだね。餅網がイカしてる。

担当　なんですか、それ？

松本　ヘッドライトに付いてるガード。餅網みたいだろ。

徳大寺　これは何年式？

小林　55年。Ｖ８が載った最初の年式です。53、54年の直６エンジン付きのほうがマニアの間での評価は高いようなんですが、乗るならＶ８のほうがいいと思って。

徳大寺　そうだな。直６に２速ＡＴじゃさぞかし非力だろうから。

松本　ボディがビシっとしてますね。ＦＲＰだけど、ヨーロッパのスポーツカーみたいにペラい感じがまったくない。

小林　ウインドシールドなんかも金がかかってますよ。左右両端のラップラウンドしてる部分も、視界が歪みませんから。ちゃんと磨いてあるんですね。

徳大寺　ほ～お。

担当　僕はやっぱり、メルセデス３００ＳＬが気になります。考えてみたら、シルバー以外のクルマを見るのは初めてです。

徳大寺　たしかに赤いのは珍しいな。

松本　しかもオプションだったナルディのウッドステアリングが付いてる。これは希少ですよ。

小林　なかなかそれをわかってくれる人がいないんですよ。ステアリングがオリジナルじゃないとか言われちゃって。

担当　ホントですか？　エンジンをかけてみましょうか？　お願いします！

徳大寺　もしかして、音を聞くのは初めてかい？

担当　ええ。ワクワクしますね。

小林　じゃあ、いきますよ。

クーッ、クククク（電磁ポンプの音）、ブルルルル、ブォブォ～ン！

一同　おーっ。

担当　ドスは効いてるけど、想像していたよりはおとなしい音ですね。

徳大寺　そこはメルセデスだから。しかしこのクルマ、今の季節に乗ったら地獄だろうな。換気が悪いから、本当に暑いんだ。オーバーステアで、運転も難しいしね。

小林　そりゃ徳さんが飛ばすからでしょう。ゆっくり乗れば、普通のクルマですよ。

松本・沼田・担当　ハハハハハ（笑）。

一発でエンジンがかかったぞ！
ヒャッホ～
ゾク
ブォブォ～ン
くぅ～～っシビれるぅ
ゾク
こんな感じです。どうですか？
初めて耳にするメルセデス300SLの鼓動か！
この連載を続けてよかったと思える一瞬だ

最後に小林さんが案内してくれたのは、工場からちょっと離れたところにある秘密の倉庫。エアコンと除湿器の作動音がかすかに聞こえるなか、徳大寺巨匠も思わず唸ってしまうほどの名車が並べられたそこは、まるで私設ミュージアムのようでした。

一同　おおーっ、これは!

徳大寺　@#!?▲×の▼◎□☆じゃないか!

松本　すごいですね。ミュージアムとコンクールデレガンス以外では、初めて見ましたよ。

徳大寺　そもそもこのクルマは、一台一台すべて異なるスペシャルボディなんだが、これを見たのは俺も初めてだ。

松本　奮えがきますね。

小林　お褒めいただいたのになんですが、これは〝ユア・アイズ・オンリー〟でお願いします。

松本　わかりました。クルマがクルマだけに事情がおありでしょうから。

担当　そんなにすごいクルマなんですか?　たしかに美術品みたいだけど。

沼田　これも見るのは初めてです。チシタリア202のコンバーチブル。

担当　ＭｏＭＡ（ニューヨーク近代美術館）に所蔵されているやつですか？（Ｐ31参照）

徳大寺　あれはクーペのほう。

松本　コンバーチブルは珍しいですよね。アールデコ風のメーターやラジオなど調度品が抜群だなあ。デザインはピニンファリーナですよね？

徳大寺　うん。

松本　そのわりにはエンブレムが見当たりませんが。

徳大寺　スタイリングだけで、ボディ製作はほかのカロッツェリアがやったんじゃないかな。ヴィニャーレあたりの。

松本　なるほど。ところでこれは売り物ですか。

小林　ええ。でも知名度が低いし、絶対的なサイズも小さいだけに、価値をわかってもらうのが難しいクルマですね。こりゃ洒落てるね、とポンと買ってくれるような粋な人はめったにいませんよ。

松本　そうですか。お金があったら、すぐにでも買うのになあ。

沼田　しかし我々には金がない。世の中ってのはうまくいかないもんだね（笑）。

担当　僕はあそこにあるランチアの０３７ラリーがさっきから気になるんですが。ストラダーレを見たのは初めてなので。

徳大寺　今日は初物づくしだな（笑）。

小林　これは17、8年前にドイツで見つけたんですが、わずか５００㎞しか走ってないんですよ。

松本　ピレリＰ７の溝がバッチリあるけれど、じゃ

あこれはオリジナルなんですね。
沼田　なんでまたこんなものが？
小林　前の持ち主はアバルトでテストドライバーを務めていたというドイツ人なんですよ。なんでも体を壊して引退する際に新車を手に入れて、工場からドイツの自宅まで乗ってきただけという話だったんですが。

うあぁ、このランチア０３７いいなー
あれもいい、これもいいってどうなのよ
走行距離わずか５００キロの希少車。売る気、サラサラなし

徳大寺　自慢じゃないけど、俺はガレージ伊太利屋で借りた０３７を１０００km以上乗ったから、それより少ないわけか。
担当　また巨匠、そんなに乗っちゃって。で、乗るとどんな感じなんですか？
徳大寺　楽しかったよ。あちこち壊れたけど。
松本　これは売るつもりないんですか？
小林　ありません。動かしてもないですよ。
沼田　これならいくらでも買い手はいるだろうに。やっぱり世の中はうまくいかないんだな（笑）。
徳大寺　そういう希少車もいいけどさ、こういうクルマも忘れちゃいけないよ。ＭＧＡマーク２。入門者にもなんとか扱えるだろうし、乗れば楽しいぜ。
担当　前にもおっしゃってましたけど、やはりＭＧはスポーツカーの基本ですか。
徳大寺　うん。
小林　これはラジエターを直して、電動ファンも付けてありますから、普通に乗れますよ。
徳大寺　で、これはおいくらですか？
小林　３００万円ちょっとですね。
徳大寺　手頃だな。買いたくなるよ。
小林　ありがとうございます。でも、残念ながらこれもあまり人気がないんですよ。

徳大寺　ふ〜ん、狙い目だと思うんだけどな。

松本　しかし大衆スポーツカーのMGから超高級な▼◎□☆まで、こちらは取扱車種の幅が広いですね。しかもクルマがみんなきれいだし。

徳大寺　小林さんの好きなクルマを一堂に集めたという感じだね。知り合ってから長いけれど、ようやくあなたの夢が実現したんじゃないですか？

小林　おかげさまで。ここまで来るには、正直言って大変な思いをしましたが。

松本　でも、うらやましいですよ。こんなステキなクルマたちに囲まれて。

小林　はあ。それはそうと、こんなことを申し上げてはなんですが……。

担当　なんでしょう？　遠慮せずにおっしゃってください。

小林　では……お褒めいただくのはうれしいんですが、先ほどからあれがいい、いやこっちもと、徳さんをはじめ皆さんも、かなり節操がないんじゃないですか。

徳大寺　こりゃ参った。返す言葉がないな。

松本・沼田・担当　失礼いたしました！

【クラシック ガレージ】
埼玉県戸田市早瀬1-19-1
☎048-421-0347　URL：http://www.cgcraft.co.jp/classic/index.html

ツアー第11回

アルファを唸らせた技術力

スバルは日本には珍しい、テクノロジー・オリエンテッドなメイクとして知られている。それはクルマ好きを夢中にし、忠誠心の高いファンを生み出したが、凝った技術がコスト高を招き、ビジネス面で苦労した時代もある。しかしトヨタと資本で結ばれた今となってはそんな心配どこ吹く風（↑想像）。巨匠いわく「意あって力足らず」だった時代のスバルを懐かしむべく、我々は群馬へ足を運んだ。

今回、ツアー隊が向かったのは、群馬県太田市にある「スバルビジターセンター」。富士重工業群馬製作所・矢島工場内に2003年7月にオープンしたこの施設には、歴代モデルの展示をはじめ、スバルの歴史や技術が紹介されています。

涼しくなったら群馬へ行こう！
ジリジリ
ジリジリ
さすがに群馬は暑いなー。今日は37度？ま、絵だからいっか
トビラだけでも秋らしく、ということで
スバルビジターセンター・富士重工群馬製作所矢島工場内に'03年にオープン
もう秋だし
巨匠が尊敬してやまない名設計者、百瀬晋六さん
百瀬晋六
スバル360の石膏の模型なども展示
巨匠
"綿谷の秋のテーマはセミチェスターフィールドコートをカジュアルに着こなす"
アロハ好きのライター沼田は秋もやっぱりアロハ（ただし長袖）
松本センセイはアンソテー・パーキンスにリスペクトして「サイコ」風にコーデュロイスーツ
担当シオミは「アルマーニを着せてほしい」ということで、ブラックスーツをミニマムに

徳大寺　今日は富士重工か。太田に行くのは久しぶりだな。

担当　巨匠はスバルの「ビジターセンター」を訪れたことはあるんですか？

徳大寺　いや、ないんだ。

松本　僕も今日が初めてなんですが、何台くらい展示されてるのかな。

沼田　たしか10台ちょっとだったと思うな。通称デメキンこと初期型スバル３６０に始まり、初代サンバー、スバル１０００、Ｒ－２……そうだ、Ｐ－１もありましたね。

徳大寺　ほう、Ｐ－１もあるのかい。

担当　なんですか、Ｐ－１って。

松本　50年代に少数が作られた、富士重工初の四輪車であるセダン。

担当　そんなのがあったんですか？　見るのが楽しみだなあ。

松本　そのＰ－１をはじめ、スバル３６０や１０００といった名車を作り上げた名設計者が、故・百瀬晋六さんですよね？

徳大寺　そう。百瀬さんはスラリと背が高くて、おしゃれで、とってもカッコイイ人だった。

担当　百瀬さんという名前には、僕もなんとなく聞き覚えがあります。

沼田　なんたってスバリストあるいはスバラーの間では、神様みたいな人だから。

徳大寺　日本の自動車技術者のなかで、俺がもっとも尊敬する2人のうちのひとりが百瀬さんなんだ。

担当　ちなみにもうひとりは？

徳大寺　後に日産の副社長を務めた、プリンスの中川良一さん。旧日本軍機に積まれたエンジン「誉」などを設計したことで知られる方だ。

松本　ご両名とも中島飛行機の出身ですね。

徳大寺　うん。でもスバルにおける百瀬さんは、生粋なエンジニアというより、今でいうところの主査のような役割を果たしたんじゃないかと思うんだ。

沼田　たしかにそうみたいですね。コンセプトをまとめて立案し、目標に向かってスタッフをコーディネートしていく。優れた技術者であると同時に、優れたマネージャーだったようです。

担当　へえ、そうなんですか。豪華解説陣も揃っていることだし、ますます見学するのが楽しみですね。

ビジターセンターに到着したツアー隊を迎えてくれ

たのは、専属スタッフとわざわざ新宿にある本社から駆けつけてくれた広報部の鈴木貴志さん。鈴木さんの案内で、一行はさっそく見学を開始しました。

松本　初期型スバル360（58年）のルーフがこんな茶色だったとは知らなかったな。これ、FRP製だっけ？

沼田　そう。でもってリアウィンドウはアクリル製。1グラム単位で軽量化に努力した結果、アルミを多用した上に、そうした当時の先端素材を導入したんだよね。

徳大寺　そもそも10インチタイヤも、このクルマのために作られたんだからな。軽量化とパッケージングを追求した結果として。

担当　へえ。しかしそのタイヤに、すごいポジティブキャンバーがついてますね。

徳大寺　荷重がまったくかかってない状態だからな。人が乗るとちょうどよくなるんだよ。乗ってこれだったら、ひどいオーバーステアで走れたもんじゃないよ（笑）。

担当　で、これは発売当時いくらしたんですか？

鈴木貴志（敬称略、以下鈴木）　えーと、42万5000円です。

沼田　昭和33年の大卒初任給って、1万円ちょっとでしょ（資料によると1万3500円）。ということは、

杉江くん、いつもすまないねー
お安い御用ですよ
発売当時42万5000円。こんな高嶺の花を運転できて、しかもお小遣いをもらえたなんて夢のような話
いい時代だったんですねー
当時は、クルマは買ったけど免許がない、という人がけっこういて、そんなオーナーに頼まれてはアルバイトで運転手をやったんだ

百瀬さんが2CV好きだったから
お手本にしたのかも。
点火系が水に弱くて
雨の日はマイッタけど、
よく乗ったなー
レーシングメイトの
営業車だった
団地サイズの
可愛いクルマ
ですね。
このカーテンも
素敵
ドアの取り付け方が
シトロエン2CVに
似てますね
61年 サンバー

年収の3倍くらいしたわけか。
松本　庶民にはとても手が届きませんね。
徳大寺　まったくだ。学生時代、発売されたばかりのこれを運良く運転させてもらう機会があったんだが、その軽快な走りっぷりに、まるでスポーツカーみたいだと感動したよ。もっともその頃の俺は、まだスポー

R-2の
テールランプが
そのまんま
フィアット500に
使えたらしい
ですよ
R-2のテールランプを
付けたフィアットか…。
それもレアですね
スバル360の
後継車という
ことだけど、
そのスタイリングが
フィアット600に
そっくりで
ビックリしたな！
69年 初代R-2

ツカーに乗ったことなどなかったわけだが。

一同　ハハハハハ（笑）。

徳大寺　で、欲しいと思ったけれど、学生の身分じゃとてもじゃないが無理だった。とはいえその後、ちょくちょくスバルに乗ることになったんだ。なぜだと思う？

担当　さあ。

徳大寺　今じゃ考えられない話だけど、当時はクルマを買ったけど免許がない、という人がけっこういたんだよ。そんなひとりにスバルのオーナーがいて、時折アルバイトで運転手を務めたというわけさ。

松本　へ～え。隣にある初代サンバー・バン（61年）は、レーシングメイトの営業車だったんでしょう。

徳大寺　うん。点火系が水に弱くて、雨降りの日は泣かされたけど、それさえ除けば便利でいいクルマだったよ。

松本　これ、フィアットのムルティプラあたりを参考にしたのかな。

沼田　フォルクスワーゲンのタイプ２じゃない？　荷台の下半分が鍵付きのロッカーになってる高床式トラックなんか、まんまタイプ２だもの。

徳大寺　ああ、そうだったな。

松本　ドアの取り付け方なんかは、シトロエン２ＣＶによく似てますね。

徳大寺　百瀬さんが２ＣＶを好きで愛用していたそうだから、おそらくお手本にしたんだろう。

松本　なるほど。

担当　初代Ｒ－２のデビューは１９６９年ですか。３６０より10年以上後だったんですね。

松本　スバル３６０はビートルのかぶと虫にちなんで「てんとう虫」と呼ばれたんだけど、モデルチェンジしないこともビートルに倣っていたからね。

徳大寺　だが、ホンダＮ３６０の登場に始まる軽の高性能化・高級化の波には抗えず、新世代たるこのＲ－２をリリースしたんだ。

担当　中身は３６０とは別物なんですか。

徳大寺　基本構造は同じだけど、全面的に新設計されてる。しかし、このスタイリングを見たときはびっくりしたな。フィアット６００にそっくりなんで。

沼田　たしかに似てますね。

松本　Ｒ－２のテールレンズが、そのままフィアット５００に使えるらしい、なんて話を耳にしたこともありますよ。

沼田　ふ～ん。もっとも、今となってはチンクエチェ

へぇ〜
広報の鈴木さん
へぇ〜って鈴木さん、初めて聞いたみたいな顔をしないでくださいよー（苦笑）
エンジンはプリンス製か。プリンスのルーツは富士重工と同じ中島飛行機だから、いわば親戚関係にあったわけだ
コンサル
英国フォードのコンサルを参考にしたらしいですよ
幻の名車
54年 P-1すばる1500

ントよりR－2のレンズのほうが手に入れるのが難しいだろうけど。

スバルの基礎を築いた軽自動車群に続いて、ツアー隊が向かったのは、道中で話題に上ったP－1。とりわけ担当編集シオミは、初めて見るとあって興味津々です。

担当　これが噂のP－1ですか。スバルというからもっと小さいクルマを想像してたのに、立派なセダンじゃないですか。

沼田　初代クラウンやスカイラインと同じ、といってもP－1が作られた54年にはまだ両車とも存在しなかったけど、この大きさが当時の5ナンバーフルサイズだったんだよ。

担当　へえ。（解説ボードを見ながら）生産台数20台、うち6台は地元群馬のタクシー会社で使われた……さすがの巨匠も、これに乗ったことはないですか？

徳大寺　ない。昔、富士重工の本社があった丸の内近辺でよく見かけたけどな。おそらく社用車として使ってたんだろう。

松本　これ、エンジンはプリンス製ですよね。

徳大寺　うん。当時プリンスは富士精密という社名

だったんだが、ルーツは富士重工と同じ中島飛行機だから、いわば親戚関係にあったわけだ。もっとも、富士重工製のエンジンを積んだ個体もあったと思うよ。

担当　クラウンより前にこんなクルマを作っていたとは、やっぱり富士重工は先進的なメーカーだったんですね。

沼田　ボディは国産初のモノコックだしね。英国フォードのコンサルを参考にしたそうだけど。

徳大寺　ああ、そうだな。全体の雰囲気がよく似てる。

松本　しかし、当時の英国フォードも進んでいたんですね。50年にデビューした初の戦後型であるコンサルが、すでにフラッシュサイドのモノコックボディに前輪ストラットサス、ＯＨＶエンジンを備えてたんだから。

徳大寺　たしかに。だが、そこから20年くらいそのまま引っ張っちゃったんだよな（笑）。

担当　鈴木さん、さっきから熱心に巨匠たちの話を聞いてるようですが。

鈴木　いや、勉強になるなあと思って。社員研修などでも、ここまで古い話はなかなか聞けませんから。

担当　そういうわけですか。

水冷フラット4エンジンによるＦＦという、今日のスバルにつながるメカニズムを最初に導入したモデルであるスバル１０００。これを眺めながら、なにやら真剣な表情のツアー隊一行。はたして何を話しているのでしょうか。

徳大寺　スバル１０００（66年）は、本当にすごいクルマだったよ。

担当　何がそんなにすごかったんでしょう。ハンドリングとかですか？

徳大寺　もちろんハンドリングもいいんだけどさ、パッケージングというか、全体設計がすばらしいんだ。

松本　百瀬イズムが最大限に発揮された、きわめて知的で合理的な設計ですよね。

徳大寺　エンジニアリング優先の富士重工だからこそできた、他社にはけっして真似のできない理想主義的なクルマと言えるな。

沼田　メカニズムひとつとっても、高級で金がかかってる。フラット4エンジンはオールアルミ製だし、電動ファンを備えたデュアルラジエターシステムなんて、日本で唯一でしょう。

松本　唯一といえば、フロントのインボードブレーキもそうですね。ステアリングを操舵力の軽いセンターピボット式とするため採用したそうですが、バネ下重量が軽減されたため乗り心地や走行安定性の向上にも貢献しています。

徳大寺　スペースユーティリティも見事だぞ。ロングホイールベースとフラットフロア化によって、室内、トランクともに上級クラスのブルーバードやコロナより広かったんだ。

松本　トランクスペースを確保するために燃料タンクを後席の下に収めたり、床を低くフラットにするためにエキパイをサイドシルに通すなど、徹底的に知恵を絞ってますね。

担当　スタイリングは富士重工のオリジナルですか。

沼田　うん。スバル360を手がけた佐々木達三さんという工業デザイナーをアドバイザーとして、社内でまとめたそうだよ。顔つきが英国フォードのコルセアに似てるけど、けっしてマネたわけじゃなく、偶然似ちゃったんだって。

担当　僕はフィアット・リトモに似てると思いましたが、リトモのほうがずっと後なんですよね。

リアシートの後ろにもスペースを確保
アルファロメオ・アルファスッド
整理整頓が行き届いたエンジンルームだなー
サーブ99
アルファが参考にしたくらいだから
鈴木さんまで感心しちゃってる(笑)
サイドビューはサーブにも似てますよ。スバルのほうが先だけど
すごいですねー
英国フォードコルセア
顔つきがコルセアに似てるけど、マネしたわけじゃなく偶然なんだって
フィアット・リトモに似てるけど、リトモのほうがずっと後ですもんね
SUBARU 1000
百瀬イズム全開！ エンジニアリング優先の富士重工だからできた理想主義的なクルマ、それがスバル1000

松本　セミファストバックのサイドビューもサーブ99やシムカ１１００に似てるけど、それらよりスバル１０００のほうが先に世に出たわけだし。

徳大寺　いずれにしろ欧米の真似に明け暮れていた当時の他社製モデルと比べたら、図抜けたオリジナリティを誇るクルマだよ。なんたって、後にアルファがスッドを作る際に参考にしたくらいなんだから。

担当　それこそすごいことですよね。で、実際に乗るとどんな感じなんですか？

徳大寺　後から追加された高性能モデルの「スポーツセダン」は、レーシングメイトで購入してよく乗ったけど、１ℓとは思えないほどよく走ったな。エンジンがレスポンシブで、ポルシェ３５６にフィールがよく似てるんだ。

鈴木　スポーツセダンは2階に展示してあるので、あとでご覧になってください。

徳大寺　そうですか。唯一の不満はブレーキが弱かったこと。これはスバルに限らず、そのころの日本車に共通した問題なんだけど。

担当　なるほど。スバル１０００がすばらしいクルマだったことはよくわかりましたが、セールス的にはどうだったんでしょう？

徳大寺　スバルファンには強く支持されたけど、広く一般に浸透するまでには至らなかったな。

松本　ＦＦでさえ一般ユーザーにはピンとこなかったというのに、デュアルラジエターだのインボードブレーキだのと言われても、その価値が伝わらなかったんじゃないですか？

沼田　うん。一般ユーザーの心には、ストレートに性能や豪華さを訴えたカローラやサニーのほうが響いたんだよ。おまけに値段も安かったし。

徳大寺　加えてスバル１０００のサービス性にも問題があったんだ。凝った機構ゆえに街の修理工場では直せなかったり、手間がかかるから嫌われちゃったり。

沼田　その反省もあって、次のレオーネでは水冷フ

東北電力の要望から試作を始め、製品化されたのが、このレオーネ・エステートバン4WD。今日のスバルのアイデンティティの始まりだな
量産オンロード4WDの先駆。歴史的な意義のあるクルマですね
LEONE 4WD
↖72年
レオーネ・エステートバン4WD

ラット4によるFFという基本レイアウトこそ継承されたものの、インボードブレーキもトーションバーサスペンションもなくなっちゃった。

松本 そうだね。とはいえこのレオーネ・エステートバン4WD（72年）は、量産オンロード4WDの先駆という歴史的な意義のあるクルマでしょう。

徳大寺 加えてシンメトリカルAWDという今日のスバルのアイデンティティもここに始まったわけだ。

松本 この初代は商用バンしかなかったんですよね。ツーリングワゴンが出たのはいつでしたっけ?

鈴木 2代目の途中です。81年だったと思います。

沼田 2代目レオーネというと、岩崎宏美と原辰徳がイメージキャラクターを務めていたモデルですね。

担当 原って、現巨人監督の?

沼田 そう、彼が新人だった時代に。ちなみに岩崎宏美も原辰徳も、俺と同じ昭和33年生まれなんだけど。

担当 それはどうでもいいんですが、彼らはCMなどに出てたわけですよね。見てみたいなあ。

鈴木 でしたら昔のCMを集めたビデオがありますので、2階のミーティングルームでご覧になりますか?

担当 ホントですか、ぜひ拝見させてください!

一同 よろしくお願いします!!

ツアー第12回

ピカピカにするより年輪を楽しむべし

もしこの店の現在の写真を掲載して「昭和◯年当時の……」とキャプションをつけても違和感がないはずだ。30代以上のクルマ好きが懐かしく思う、昭和の、それも歴史的な名車というより近所に1台はあったような身近なクルマがところ狭しと並べられている。「朝日自動車販売」という屋号もしかり……。

今回のツアーリムジンは、三菱デリカD：5。しかも行き先が国産旧車専門店とあって、車中は自然と「懐かしの三菱車」の話題で盛り上がりました。

徳大寺　実はあまり期待していなかったが、なかなか乗り心地がいいじゃないか、これ。

巨匠のお気に入りだった
初代ギャラン
1.3ℓ AI
三郷市の蕎麦屋にて昼食
松本センセイの最初のクルマ
ギャランFTO・GSR
リーフスプリングが丸見え
ライター沼田
イラスト綿谷
ハァ〜
松本センセイ
担当シオミ
なかなか乗り心地が
いいじゃないか
このミニバン
徳大寺巨匠
今回のリムジンは
三菱デリカD:5 G-プレミアム

お腹がいっぱいになると
つい甘口批評になってしまいます（苦笑）

担当　そうですね。ひとりで乗っていたときにはちょっと硬めかなと思ったんですが、５人乗ったらちょうどよくなりました。

松本　高級を標榜する某メーカーのミニバンよりいいんじゃない？

沼田　そうだね。セカンドシートは適度な硬さで、肌触りもいいよ。

担当　エンジンはＮＡの２・４ℓ直４ですが、大人５人乗っても走りはまずまずですね。

徳大寺　三菱は伝統的にロングストロークで、トルクのあるエンジンが得意なんだよな。

松本　69年に初代コルト・ギャランに積まれてデビューしたサターン・ユニットあたりがその走りですか。

徳大寺　そう。初代ギャランはよかったなあ。１・３ℓのＡＩと１・５ℓのＡⅡがあったんだけど、ＡＩスポーツというのがすごく好きだった。

沼田　１・５ℓツインキャブの高性能モデルだったＡⅡＧＳより、１・３ℓシングルキャブのＡＩスポーツのほうが好きだったとは意外ですね。

徳大寺　もちろんエンジンはＡⅡＧＳのほうがパワフルだったけど、ＡＩスポーツは全体のバランスが優れ

ていたんだ。

松本　じつは僕の最初のクルマは、サターンの1・6ℓを積んだギャランFTO－GSRだったんですよ。9万円で買ったシャコタン仕様だったけど。

沼田　とはいえGSRといえば、オーバーフェンダーの付いたトップモデルじゃん。

担当　三菱はその頃から高性能グレードにGSRという名称を使ってたんですか？　いまでもランエボなどに使われてますが。

沼田　73年にギャランGTOとFTOに使われたのが始まりだね。

徳大寺　FTOもおもしろいクルマだったな。当時の日本車としてはホイールベースと全長に対してトレッドが異例に広くて。

松本　それはいいんですけど、リアのオーバーハングが短すぎて、リーフスプリングが丸見え（笑）。

徳大寺　あれはちょっとみっともなかったな。でも速かっただろ？　サターンエンジンはSOHCだから上のほうはあまり回らないけど、トルクがあるから中間加速がよかったからな。

松本　そうですね。もっとも僕のは暴走族が乗り捨てたようなボロだったから、まっすぐ走らせるのにも苦労しました（笑）。

そうこうするうちに埼玉県三郷市にある「朝日自動車販売」に到着。ぎっしりと並べられた、50台はあろうかと思われる在庫車両を横目に、まずは専務取締役の宮内秀明さんにお話を伺いました。

担当　のっけから在庫車両の多さに圧倒されてしまいましたが、そもそもこちらはいつごろから営業しているのでしょうか？

宮内秀明（敬称略、以下宮内）　旧車を扱い出したのは平成4（92）年からです。創業は昭和29年で、以前は販売もするけれど、メインは修理や整備だったんです。いわゆる町の修理工場ですね。

松本　それがまたどうして旧車専門店に？

宮内　ウチにはベテランの整備士や板金職人がいるので、よそで断られた旧車の整備を受けているうちに、需要があるようなので販売も始めたという感じです。

徳大寺　ほう。当初からこの土地で？

宮内　いいえ、東京の葛飾でした。ここに移ってきたのは平成6年です。

沼田　しかし、これだけのタマを集めるのは大変でしょう。仕入れは買い取りですか？
宮内　買い取りとオークションですね。で、ウチは基本的にノーマル車しか扱いません。改造してあると、元の状態がわからないですから。
徳大寺　ごもっとも。
宮内　それと走りに関わる部分を除いては、できるだけ手を入れずにオリジナルの雰囲気を残すようにしています。ピカピカに仕上げるのは、予算さえあればいつでもできるじゃないですか。
沼田　おっしゃるとおりです。時間や歴史はお金では買えませんからね。
松本　同感です。我々も旧車取材の際、「レストアしたい」というオーナーに「年輪や味を残したほうがいい」と説得することがよくあるんですよ。
徳大寺　お客さんの年齢層はどのあたりですか？
宮内　20代の若い方もいらっしゃいますけど、大半は30代から50代ですね。とくに多いのが30～40代です。
徳大寺　つまり若い頃に憧れていたけど買えなかったクルマ、ということになるのかな。
沼田　そうですね。加えてオーナーに聞くと、子供の頃家にあった思い出のクルマ、というケースも少なくないようですよ。

宮内さんのお話ぶりからクルマに対する愛情がヒシヒシと伝わってきます。ボクは、あなたのようなカーガイが大好きなんですよ
商売人としてはいけないのかもしれないけど、やっぱ投資目的の方やナンバーを引き継げない方にお売りするのは忍びないです
うちのおやじが初めて買った乗用車だ。これで熱海へ家族旅行に行ったっけ
おっ、テールランプが柿の種だ
柿の種？昔の人はおもしろいネーミングを考えますすねー
「朝日自動車販売」専務取締役の宮内秀明さん
フルオリジナルの極上初代ブルーバード 198万円
中～後期型のテールランプは“アイロン”
初代ブルーバードのテールランプは“柿の種”

松本　そういえば目の前に2台並んでいる初代デボネアは、僕が幼稚園の頃実家にあったな。

担当　あそこにある3代目マークⅡはウチにもありました。正確に言うと双子車のチェイサーのほうだけど。

沼田　松本さんは41歳、シオミくんは35歳だっけ？　まさにこちらのコアターゲットとなる年齢というわけだね。

担当　たしかに。ということで、そろそろ在庫車両を拝見しましょう。

シングルナンバーの付いた初代ブルーバードをはじめとする、在庫車両の波に飲み込まれていくツアー隊一行。今では希少なモデルを次々と発見、いやがうえにも興奮は高まっていきます。

担当　なんですか、これ？　ナンバープレートに「5」としかないけど。昔は登録台数が少なかったから地名表示がなかったんでしょうか？

松本　惜しいけど違うね。これは練馬や足立といった陸運支局がなかった時代の東京ナンバーなんだ。60年代初頭までだから、これを付けたクルマはとっても希少だよ。

宮内　しかもこの個体は、塗装も含めてフルオリジナルのワンオーナー車なんですよ。もちろん車庫保管で雨の日は乗らず、前オーナーは下まわりまで磨き上げ

ジウジアーロの息がかかっているって感じですね
たぶんそうでじょう
70系のセダンGTもアルファの2代目ジュリエッタ風でカッコいいですよ

TE71レビン

ブルーバードに比べてモダンですね
スマートなクルマだったけど、初代は足まわりやボディが弱く、トラブル多かったんだ

巨匠の青春クルマ RT20（2代目コロナ）

ていたそうです。

徳大寺　それはすごい。ところでこの初代３１０ブルーバードの俗称知ってる？「柿の種」っていうんだよ。

沼田　同じ初代ブルでも、向こうにある中～後期型はマニアの間での呼び名は「アイロン」。

担当　さっぱりわかりませんが？

松本　テールランプの形状に由来してるんだよ。

担当　な～るほど。うまいこと言いますね。

沼田　ホイールキャップが２代目４１０ブル用なのが惜しいですね。

宮内　たまたまそれを付けてますが、オリジナルも揃ってますよ。しかも段ボールひと箱分のスペアパーツもあります。ここまで完璧

このフロンテクーペ、イカしてますね！見た目スポーツカーじゃないっスか
ジウジアーロのアイデアスケッチを元にスズキが仕上げたみたいよ

ハイビーム点灯で走行していて、対向車のライトを受光すると自動的にロービームに切り替える装置なんだ
オートディマーは当時の高級車の証
HILLMAN
おしゃれなクルマですね
いすゞ ヒルマン ミンクス

な状態で出てくるのは、ほとんど奇跡ですね。

徳大寺　で、これはおいくら？

宮内　いちおう１９８万円で出してます。これまでに何件か引き合いがあったんですが、投資対象として考えている節が感じられたり、ナンバーを引き継げなかったりしたので、丁重にお断りしました。

松本　わかります。このクルマの価値がわかったうえで惚れ込み、ナンバーを引き継げる人でなければ売りたくないんですね。

宮内　そうなんです。商売人としては、それじゃいけないのかもしれないですけど。

徳大寺　いや、少なくとも我々は、クルマを買うときは宮内さんのようなクルマ好きから買いたいですよ。

宮内　ありがとうございます。

沼田　３１０ブルといえば、あそこにライバルだった、そして巨匠が第2回日本グランプリで駆ったＲＴ20（2代目コロナ）がありますよ。

担当　ブルに比べると、コロナのほうがだいぶモダンに見えますね。

徳大寺　スマートだよな。でも、セールスではブルのほうが圧倒的に強かった。なぜかというとコロナは足まわりやボディが弱く、まだ未舗装路が多かった当時の道路事情ではトラブルが続出したんだ。

松本　そんなクルマでよくレースやラリーができましたね。

徳大寺　クレーム対策で設計変更を重ねた結果、俺が乗った後期型ではかなり頑丈になっていたんだよ。広告でも盛んにタフなことをアピールしたんだが、一度貼られてしまったレッテルはそう簡単には剥がせなかった。

担当　そういうわけですか。

松本　あ、あそこに2Ｔ－Ｇを積んだＴＥ71レビンがありますよ。

宮内　レビン／トレノでも初代の27はけっこう残ってますし、86はご存じのとおりですが、その間の37／47系と71系は少ないですね。

沼田　走りはともかく、カッコでは86より71のほうがはるかにスタイリッシュだと思うんだけど。初代ＫＰ47スターレットやこの4代目70系カローラ／スプリンターには、ジウジアーロの息がかかってるんじゃないですか？

徳大寺　俺もそう思う。おそらく原案の段階で絡んでたんじゃないかな。

松本　この3ドアクーペもいいけど、70系のセダンＧ

Tもアルファの2代目ジュリエッタ風でなかなかいいですよ。

おっ、ケンカワイパーだ
ケンカワイパー？・昔の人はおもしろいネーミングを考えますね（笑）
視界良好です
サイドまでまわり込んだフロントのラップラウンド・ウインドシールド
多摩5 は20-68
アメ車（ルックス）のようでアメ車じゃない（中身はオースチンA50を継承）日本車、H31セドリック・カスタム

沼田　考えてみるとすごいね。70系には2／4ドアセダン、2ドアハードトップ、3ドアクーペ、3ドアリフトバック、それに2／4ドアバン（ワゴンも！）と何種類ものバリエーションがあったんだから。

担当　カローラの名を冠するモデルの数なら、今も負けてませんが。

青春時代の記憶に直結している日本車への思いはまた格別、という徳大寺巨匠。昭和30〜40年代にタイムスリップしたような店内の光景を目にして、またもや知られざるエピソードが飛び出しました。

松本　さっきジウジアーロの名が出たけど、このフロンテ・クーペも彼のデザイン？

沼田　という説もあるが、彼のアイディアスケッチを元にスズキが仕上げたという説のほうが有力だね。軽ワンボックスのキャリイ・バンは、イタルデザインの第一作と公式にアナウンスされているけど。

担当　こんなイカしたクルマがあったんですね。ナリは小さいけど、見た目は立派にスポーツカーじゃないですか！

徳大寺　いや、乗ってもれっきとしたスポーツカーだよ。2ストローク3気筒エンジンのシャープな吹け上がりといい、クイックなハンドリングといい。

宮内　このヒルマン・ミンクスは、最近入ったんですよ。

徳大寺　ほう。淡いグリーンと白のツートンがいいですね。日本のメーカーのなかでは、いすゞは例外的に洒落たセンスを持っていたから、こんな芸当ができたんだな。

担当　ヒルマン・ミンクスって、巨匠の最初の愛車でしょう？

徳大寺　俺のは英国製のもっと古いやつ。これはいすゞ製の、それも62、63年の最終型だろう。

松本　バンパーにライトの切り替え装置が付いてますね。なんていいましたっけ？

徳大寺　えーと、オートディマーとかいうんじゃなかったかな。

担当　どんな装置なんですか？

松本　夜間にハイビームを点灯して走行していて、対向車のライトをこれが受光すると自動的にロービームに切り替えるんだよ。当時の高級車の証のような装備だね。

宮内　高級車といえば、あのH31セドリック・カスタ

ムは昨日入ったばかりです。「多摩5」のシングルナンバーが付いた、初代セドリックの最終型。

松本　サイドまでまわり込んだフロントのラップラウンド・ウインドシールドをはじめ、アメリカンなスタイリングですね。

徳大寺　でも中身は、ライセンス生産していたオースチンA50から継承してたんだよ。

沼田　日産初のモノコックボディですよね。そのボディが弱いと言われ、ブル対コロナの場合とは逆に、先行していたライバルのクラウンに敵いませんでしたが。

徳大寺　もうひとつオースチンの遺産でギアボックスが4速だったんだが、これもクラウンの3速に比べてギアチェンジが面倒くさいとタクシードライバーに敬遠されてしまったんだ。当時はオーナードライバーの数などたかがしれており、とくにこのクラスはタクシー需要がなければやっていけなかったから、途中から3速に改められたんだ。

担当　タクシー業界がそんな力を持っていたとは驚きですね。ところで僕はあそこにある初代フェアレディZが気になるんですが。

松本　2by2、しかもベーシックな4速仕様とは珍しいですね。

宮内　何らかの改造が施されているクルマが大半を占める2シーターに対して、2by2は大事に乗られていたノーマル車両がときどき見つかるんですよ。これもアルミホイールを除けば無改造です。リペイントはされてますが。

徳大寺　ホイールベースを300㎜延長した2by2は、この種の先輩であるジャガーEタイプの2+2と同様、北米市場の要望で作られたんだ。

松本　初代S30Zって、今じゃ男のクルマという扱いだけど、新車当時はちょっといいとこの若奥様とか、女性モデルなんかが乗ってたりもしたよね。

沼田　うん。今でもこういうノーマル車を、女性がサラッと乗っていたらカッコイイと思うよ。

担当　まさにミス・フェアレディというわけですね。

徳大寺　しかし、今さらだけどこの時代のクルマはいいね。とりわけ日本車だと、これらが現役だった時代の思い出がありありと蘇ってくる。さながらタイムマシンだよ。お世辞抜きですばらしいお店ですね。感動しました。

宮内　こちらこそお越しいただいてありがとうございました。

【朝日自動車販売株式会社】
〒341-0042　埼玉県三郷市谷口209番地の1
☎048-953-6789　URL http://www.rakuten.ne.jp/gold/sepia/

ツアー第13回

かつて日本車が、意あって力及ばなかった頃の話

今回は担当の「コンテッサをじっくり見たい！」というわがままから日野自動車の技術資料館を訪れたほか、その日野を傘下に置くトヨタが運営するメガウェブに足を運び、ベテランメカニックから貴重な話を伺った。

今回のツアーリムジンはレクサスＬＳ４６０。走行中もエンジン音はもちろんのこと、風切り音さえほとんど聞こえない静寂な室内に徳大寺巨匠以下メンバーの笑い声を響かせながら、まずは都下八王子にある「日野オートプラザ」に向かいました。

担当　これから訪ねる「日野オートプラザ」は、日野自動車の技術資料館だそうです。

徳大寺　ほう。ということは、ルノーやコンテッサを見られるのかな？

松本　ええ。古いトラックやバスなども展示されているようです。

沼田　それに巨匠、ミケロッティが手がけたコンテッ

サ９００スプリントもありますよ。

徳大寺　そうか。そいつは楽しみだ。

担当　巨匠にとって日野といえば、真っ先に思い浮かぶのはライセンス生産していたルノー４ＣＶですか。

徳大寺　うん。

松本　巨匠とルノーといえば、「ガーリックカー」の話題は外せませんよね。

担当　なんですか、「ガーリックカー」って？

徳大寺　学生時代、カレーで有名なエスビー食品が「ガーリックパウダー」という調味料を発売した際に、ガーリックカラーというかカレーの黄色に塗り、エスビーのロゴを描いたタク上げ（注１）のルノーを１００名のモニターに１年間無償貸与するという懸賞を実施したんだ。

沼田　今で言うところのラッピングカーのはしりですね。

徳大寺　そう。で、そいつを手に入れたくて使いもしないガーリックパウダーをせっせと買い込んでは抽選に応募したんだな。

松本　しかし残念ながら当たらなかった。

徳大寺　ああ（苦笑）。でもガーリックカーよりさらに熱くなったのは、森永のガムで中古のＭＧＡが当たるという懸賞。小遣いのほとんどを注ぎ込んだっけ。

沼田　でもやっぱり当たらかった。

徳大寺　うん。悔しくてさ、本当に当選者がいるのか気になって、森永に手紙を書いたんだ。そうしたら返事がきて、当選者は早稲田の学生だと。

担当　えっ、当選者の情報を第三者に教えてくれたんですか？

沼田　今なら考えられないけど、そういうのんびりした時代だったんだよ。当時は芸能雑誌に「芸能人・スポーツ選手住所名鑑」なんて付録が付いてたりしたんだから。

松本　へえ。それで巨匠は当選者に会ったんですか？

徳大寺　いや。教えられた住所を訪ねていったら、近くにＭＧＡが停めてあったので、それを見て満足して帰ってきた。

綿谷　巨匠、かわいいなあ（笑）。今じゃ考えられない。

担当　じゃあ、もし読者の中にそのＭＧＡの当選者あるいはそのお知り合いがいらしたら、ぜひ名乗り出ていただきたいですね。

注１）【タク上げ】「タクシー上がり」のこと。乗用車が貴重だった当時、タクシーキャブとして酷使されたクルマを再び中古車として流通させた。

松本　約60年ぶりの邂逅か、いいね。

徳大寺　よろしくお願いします（笑）。

巨匠の懸賞応募話で盛り上がっているうちに「日野オートプラザ」に到着。広報スタッフの方、そして懐かしの大型トラックがメンバーを迎えてくれました。

車体が軽く、ハンドルがクイックで、初めて乗ったときはスポーツカーのようだった
このグリーンの色あいがフランス風でシャレてますね
日野ルノー4CV
ステアリングコラムの左レバーは、回転させるとライトが点いて、先端を押すとホーンが鳴る

馬場顕一郎（敬称略、以下馬場）　はじめまして、日野自動車の広報の馬場です。今日は遠いところをお越しいただきまして。

担当　こちらこそ急なお願いを聞いていただいて、ありがとうございます。

松本　さっそく拝見してます。

馬場　どうぞ、どうぞ。

沼田　懐かしいなあ、剣道面グリル。

担当　剣道面（笑）。昔の人は本当にうまいこと名付けたもんですね。

徳大寺　これは6トンくらいですか。

馬場　そうです。ＴＥ型といいます。

担当　キャビンの内部が木製なんですね。

馬場　ええ。これは１９６２年製造なんですが、当時は日野に限らずトラックシャシーはボンネットからバルクヘッドまでを載せた状態でメーカーから出荷され、キャビンや荷台はボディメーカーが架装していました。

松本　らしいですね。巨匠はそうした裸シャシーの陸送のバイトもしたんでしょう？

ようこそいらっしゃいました
日野広報の馬場顕一郎さん
オートプラザの八木博典さん
日野の前身となる「東京瓦斯電気工業」は、ガス器具の製造に始まり、各種エンジン、自動車、そして航空機関発、および製造まで手がけていたんです
液冷V12エンジン
へェ〜

徳大寺　やった。シャシーにミカン箱をくくりつけ、その上にタイヤのチューブを載せてシート代わりにするんだ。もちろんウインドシールドなんかないから、ゴーグルと手ぬぐいでマスクをして。

担当　男の仕事って感じですね。

徳大寺　そんなカッコイイもんじゃないよ。振動と埃がすごくて、キツかったな。

松本　そろそろ中にお邪魔しましょう。

馬場　ご紹介させてください。本日、みなさんをご案内させていただく八木です。

八木博典（敬称略、以下八木）　はじめまして。私はディーゼルのエンジニアだったもので、乗用車のことはあまり詳しくないんですが、ご勘弁ください。

担当　こちらこそ、ああだこうだとやかましいと思いますが、よろしくお願いします。

徳大寺　おっ、航空エンジンが並んでいるな。

担当　不勉強ですみません。なんで航空エンジンがあるんですか？

八木　ごく簡単にご説明しますと、日野の前身となる東京瓦斯電気工業、通称ガスデンは1910年に設立。ガス器具の製造に始まり各種エンジン、自動車、そして航空機の開発および製造まで手がけていたんですよ。

松本　1938年に長距離飛行の世界記録を樹立した東京帝大航空研究所設計の「航研機」の製作もガスデンなんですよね。

八木　そうです。これがその航研機に使われたのと同

型の液冷Ｖ12エンジンですよ。
一同　おーっ。
八木　エンジンそのものはＢＭＷのライセンスによる川崎航空機製なんですが、ガスデンで燃費を向上させるためにヘッド周りを改造したんです。今でいうところのリーンバーン化ですね。
松本　なるほど、レコードブレーカー向けにチューンしたわけですか。
担当　日野がそんな歴史を持つメーカーだったとは。恥ずかしながら知りませんでした。
沼田　というところで、いよいよお待ちかねの日野製乗用車を拝見するとしますか。

ルノー、コンテッサ、コンマース……。いずれも個性豊かな往年の日野製モデルを前にメンバーはしばし時も忘れて話し込んでいるようです。

徳大寺　このルノー、いい色だな。
松本　淡いグリーンの色あいが、いかにも当時のフランス風ですね。
徳大寺　懐かしいなあ。ステアリングコラムの左にレバーが出てるだろ？　あれを回転させるとライトが点いて、先端を押すとホーンが鳴るんだ。
担当　へえ。床から生えたシフトレバーが、まるでウインカーレバーなみの細さですね。
松本　シオミくんが運転したら折っちゃうね。
担当　失礼な。この繊細な僕をつかまえて。
徳大寺　ハハハ（笑）。
沼田　４ＣＶって、乗るとどうなんですか？
徳大寺　初めて乗ったときはスポーツカーみたいだと思ったよ。車体が軽くて、ハンドリングがクイックで。パワーがないから、もちろん絶対速度は遅いんだけど。
松本　４ＣＶはミレミリアとかルマンにも出てますからね。
徳大寺　ミッションが3速なのが弱点だけど、セカンドが70km／hくらいまで伸びた。ヨーロッパ風のワイドレシオなんだな。
沼田　で、この4ＣＶのライセンス生産を通じて学んだ経験から作られた初のオリジナル乗用車が、61年に出たコンテッサ９００。
徳大寺　中身はほとんどルノーと同じなんだけど、テールフィンを生やしたスタイリングはどことなくアメ車風で、当時の日本人の嗜好を反映しているな。
沼田　本国における4ＣＶの後継モデルのドーフィン

と比べると、その差が明確になりますね。

松本　でも、ドーフィンの派生モデルであるフロリードにちょっと似てるよね。

徳大寺　フロリードはＶＷカルマンギアの対抗馬として、アメリカ市場向けに作られたモデルだからな。

担当　そして最後の日野製乗用車となったのが、コンテッサ１３００というわけですね。僕はこれが大好きなんです。スタイリングはミケロッティでしたっけ？

徳大寺　そう。天才的なスタイリストだったミケロッティらしい、エレガントな作品だな。

松本　ほぼ同時期に彼が手がけたＢＭＷ１５００やトライアンフ２０００／１３００などに共通したスタイリングモチーフだけど、コンテッサがいちばん女性的な印象がありますね。リアエンジンのせいもあるけど。

担当　「伯爵夫人」を意味するイタリア語にちなんだ車名に合わせたんでしょうか？

沼田　しかし、こう言ってはなんだけどさ、１３００は64年に登場したわけじゃない？　その時点で、しかもこのクラスでリアエンジン車というのは、世の技術潮流からは完全に遅れてたよね。

徳大寺　言えてる。だが日野にはたとえばＦＦに転換する力はなかったんだろうな。

松本　ＦＦはこのコンマースで試してはいたんですけどね。

担当　え？　このバン、ＦＦなんですか!?

沼田　そうだよ。60年に登場したコンマースは、日本初にしてこれまでのところ唯一のＦＦの多用途トランスポーター。バンのほか、ミニバスと呼ばれる乗用タイプや病院車などの特殊車両もあったんだ。

松本　その頃、ヨーロッパではすでにシトロエン、アルファ・ロメオ、そしてルノーなどにＦＦ商用車が存在していたけど、当時の日本の状況を考えたら相当に先進的なモデルだよ。

担当　じゃあこれもルノーが下敷き？

沼田　影響はあったかもしれないけど、あくまで日野の自社開発だそうだよ。

担当　評判はどうだったんですか？

沼田　それがあんまり。3年弱の間に約2300台が作られただけだそうだから。

徳大寺　やっぱりいろいろ問題があったんじゃないかな。積載時のトラクションとか、ドライブシャフトの耐久性とか。この時代は、まだ等速ジョイント（注2）が使われてなかったから。

馬場　私もそのように聞いてます。

松本　残念だけど意あって力足りず、ってところでしょうか。

沼田　意欲作といえば、このコンテッサ900スプリントも外せませんよ。コンテッサのシャシーにミケロッティが手がけたカスタムボディを載せた2+2クーペで、63年のジュネーブショーでデビュー、同じ年のニューヨークショーと東京モーターショーにも展示されたそうです。

徳大寺　ボディの厚みを感じさせないスタイリングは、さすがミケロッティだな。これ、ボディの製作はアレマーノだろ？

松本　ええ。内装やエンジンのスープアップはナルディが担当したと聞いてます。室内を見せていただけますか？

八木　どうぞ。

松本　紛れもなくボディはイタリア製ですね。ドアキャッチがランボルギーニなんかに使われているのと同じです。

沼田　インパネ、シートなど、どこをとっても高級GTにひけ

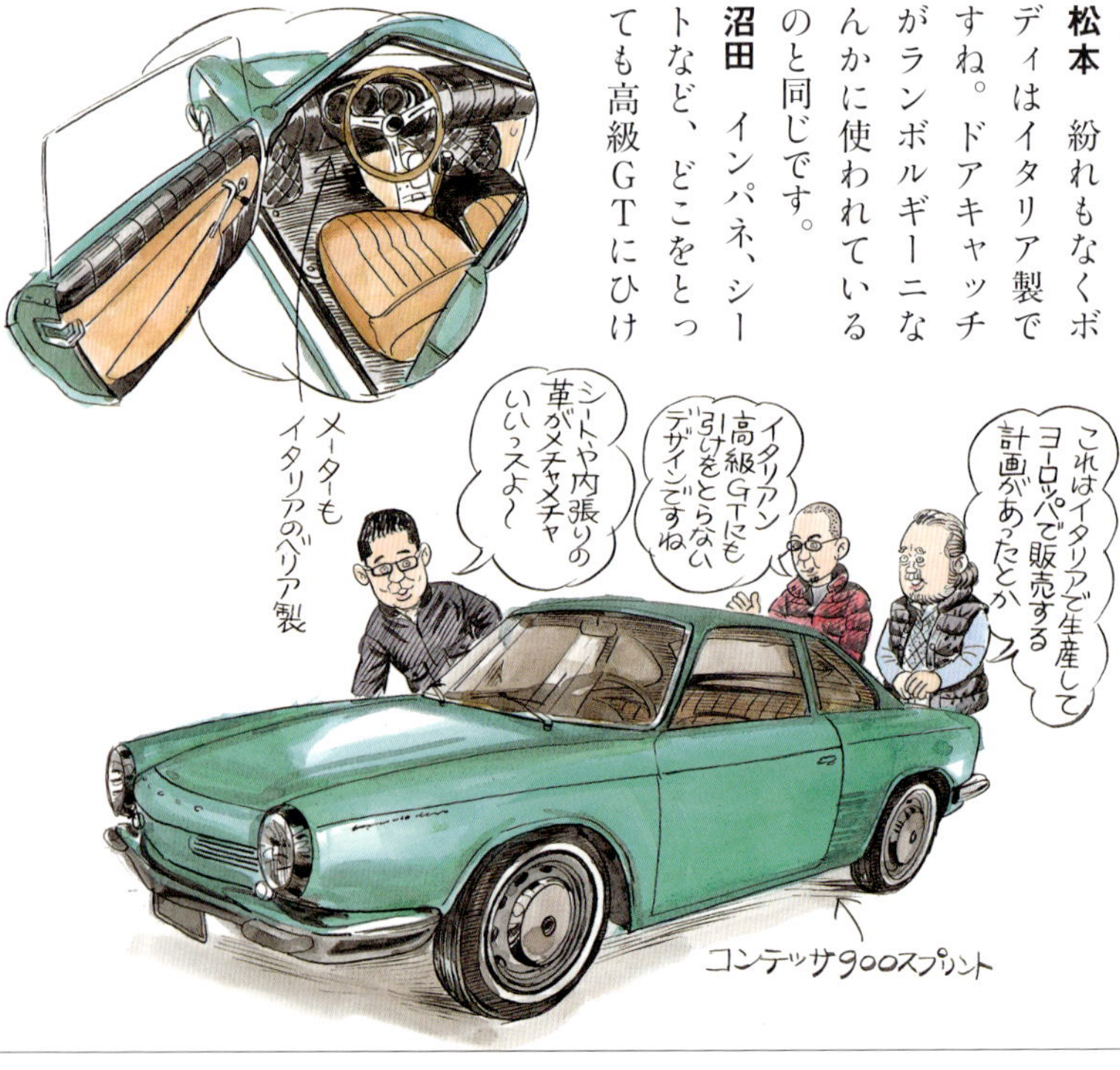

これはイタリアで生産してヨーロッパで販売する計画があったとか
イタリアン高級GTにも引けをとらないデザインですね
シートや内張りの革がメチャメチャいいっスよ〜
メーターもイタリアのベリア製
コンテッサ900スプリント

を取らないデザインと仕上げだね。

松本　シートや内張りにめちゃめちゃいい革が使われてるよ。メーターも日野のロゴが入ってるけど、イタリアのベリア製だね。

徳大寺　たしかこれ、イタリアで生産してヨーロッパで販売するという計画があったと思うんだけど。

八木　そうですね。

担当　なぜ実現しなかったんでしょう？

八木　やっぱりコストの問題だったようですよ。

沼田　イタリアのメーカーの反対にあったという話も耳にしたことがあります。

徳大寺　あり得るだろうな。

担当　そういうことだったんですか。今日はものすごく勉強になりました。どうもありがとうございます。

馬場、八木　こちらこそ。ぜひまた遊びにいらしてください。

一同　ありがとうございました！

次にメンバーが向かったのは、お台場にあるトヨタの「メガウェブ」。お目当ては「ヒストリックガレージ」にある「レストアピット」。ここでオープン以来、レストア作業を行っている大ベテランの斉藤忠夫さんにお話を

60年に登場したコンマースは、日本初にして唯一のFF多用途ワンボックスなんだよ
エ〜ッ、このバン、FFなんですか？
当時の日本の状況を考えたら相当先進的だったんだ
コンマース

注2）**【等速ジョイント】**前輪が駆動と同時に操舵も行うＦＦでは、ドライブシャフトに角度が可変する「ユニバーサルジョイント」を使う必要があるが、これはステアリングを大きく切ると前輪の回転が一定でなくなり、振動が起きる。この弱点を是正するために開発されたのが、操舵角に関係なく回転を等速で伝える「等速ジョイント」。

伺いました。

担当　斉藤さんは、オープン以来こちらでレストアを担当されているそうですが、経歴を簡単に教えていただけますか？

斉藤忠夫（敬称略、以下斉藤）私はもともと東京トヨペットのメカニックだったんですが、60年代中頃に神奈川の綱島にあるトヨペットサービスセンターにレース車両の開発を行う特殊開発部というのができまして、そちらに応援にいったんです。

沼田　現在のＴＲＤの前身ですね。

斉藤　ええ。で、その後は２０００ＧＴの開発の手伝いでトヨタ本社に出向したりもしました。70年代中頃には東京トヨペットに戻って定年まで勤めたんですが、９年前にここがオープンする際に声がかかりまして。

沼田　巨匠がトヨタとワークス契約をしていたのはいつまでですか？

徳大寺　えーと、63年の第1回日本グランプリの後に契約して、たしか65年までだったな。

担当　じゃあ斉藤さんとはすれ違いですかね。

徳大寺　おそらくそうでしょう。僕が乗ってたときには、トヨタにはＤＯＨＣはもちろん、ＳＯＨＣエンジンもなかったから。

斉藤　当時は３ベアリングのＯＨＶエンジンを積んだＲＴ40（2代目コロナ）なんかでスカＧを相手にしてたんだから、勝てっこないですよね（笑）。

徳大寺　たしかに。でも、コースの短い船橋ではけっこう善戦しましたよ（笑）。そうそう、船橋といえばＵＰ15、通称ヨタハチは軽くて強かったですね。

松本　ヨタハチはボンネットやルーフがアルミ製で、車重は６００kg以下でしたよね。

斉藤　レース仕様にすると規定重量より軽くなっちゃうので、バラストを積んでましたよ。

担当　ところで、斉藤さんはトヨタ２０００ＧＴのスペシャリストでもあるとうかがってるんですが。

斉藤　そんなたいそうなもんじゃないですけど、開発のときからいじってますから、ほかの人よりは詳しいかもしれません。ちょうど今、後期型の２０００ＧＴが入庫しているので、ご覧になりますか？

担当　ぜひ拝見させてください。

沼田　おっ、シングルナンバーだ。

松本　ところどころにうっすらヒビが入っている塗装もオリジナルだね。

斉藤　ボディ同様、パワートレーンも疲れてきているのでオーバーホールしてるんですよ。
担当　巨匠は2000GTというと、なにか思い出はありますか?
徳大寺　これが好きな人には悪いけど、乗りにくかったという記憶しかないんだよ。ハンドルが重くて、めちゃくちゃ暑くて。
斉藤　エキパイが運転席の真下を通ってますから。
担当　でもほとんどハンドメイドだから、値段も高かったんですよね。
斉藤　クラウンが100万円だった時代に、238万円しました。
徳大寺　当時の238万円といったら大変な金額だよ。今の10倍どころか、20倍くらいの価値があったんじゃないかな（注3）。
沼田　ところが当時の輸入車はというと、さらに高くてロータス・エランS3が280万円、ポルシェ911が435万円、911Sは510万円。
担当　ひえ～っ、911Sって2000GT2台分より高かったんですか!?
松本　同じ2ℓなのにね。そうした浮世離れした存在だったエランや911を巨匠はすでに体験していたから、2000GTに乗ったところで感動しなかったんじゃないですか?
徳大寺　うん。乗ったのが全部他人のクルマというところが情けないけどな（笑）。
担当　つまみ食いしたせいで口が肥えてしまったと。
徳大寺　こら！　でもうまいこと言うじゃないか。まったくそのとおりだ（苦笑）。
一同　ワハハハハ（爆笑）。
担当　すみません、すっかり脱線しちゃって。これ以上お邪魔しているとご迷惑をかけるばかりでしょうから、そろそろ失礼いたします。今日はどうもありがとうございました。
斉藤　とんでもない。こちらこそお越しいただいてありがとうございます。
一同　ありがとうございました！

注3）ちなみに当時の大卒初任給は3万円程度。

ツアー第14回

まだかな、まだかな、ランチア・ジャパン！

「ランチア・クラブ・オブ・ジャパン」という歴史あるランチアのオーナーズクラブが存在する。彼らが集うイベントを「ランチア・ランチ」という。朝から夕方までやってんのにランチ。なんだか優雅な感じでブランドイメージとぴったりの素敵なネーミングだ。
そして、巨匠はこの手のクラブイベントに目がないのであった。

訪れる先が「ランチア・ランチ」ということで、今回のツアーリムジンは同じグループ内のフィアット・ムルティプラ。徳大寺巨匠が過去に所有したランチアについて伺いながら、イベント会場の大磯プリンスホテルを目指しました。

巨匠の最初のランチアはフルビア
巨匠の2台目のランチアはガンマ・ベルリーナ
（本当はクーペが欲しかった）
ガンマのモチーフとなったBMCエアロディナミカ
巨匠のドリームカーアウレリアGTがここにありますよ～
松本センセイ
ライター沼田
イラスト綿谷
担当シオミ
徳大寺巨匠
しかしこの風、どうにかならんか
今回、ワレワレの足となったフィアット・ムルティプラ。3人掛けで座ってもラクラクです
強風の中、大磯で行なわれた「ランチア・ランチ」を見学してきました

松本　巨匠はこれまでにランチアのどんなモデルを所有されたことがあるんですか？

徳大寺　俺にとって古いランチア、とくに50年代のアウレリアGTなんかは昔からのドリームカーなんだけど、残念ながら縁がなくてね。だから2、3台は持ったことがあるとはいうものの、自慢できるようなモデルじゃないんだな。

担当　まあそう言わずに教えてくださいよ。

徳大寺　わかった。最初に手に入れたのはフルビアだったな。

沼田　クーペですか？　それともベルリーナ？

徳大寺　クーペ。友人から買ったんだけど、色がランチアブルーじゃなくて、ど派手なブルーだった。内装は濃いめのタンだったな。

松本　あの鮮やかなブルーですか。なかなかいい色ですよね。

徳大寺　そうか？　俺はあの色のせいで買おうかどうか迷ったんだけど。

担当　フルビア・クーペはWRCでもメイクス・タイトルを獲得してるんですよね。実際に乗るとどうなんですか？

徳大寺　アクセルのオン／オフ時のスナッチがひどくて、しょっちゅう不快な振動がステアリングに伝わってきた記憶があるな。たまたま俺のクルマの調子が悪かったのかもしれないが。

松本　そうですか。

徳大寺　ボディのつくりや内装の仕上げなんかはすごく丁寧で、一流だと思ったよ。

沼田　巨匠はガンマ・ベルリーナも乗られてたんでしょ？　本当はガンマ・クーペが欲しかったけど、値段がど高くてどうしても手が届かなかったからベルリーナで我慢したと、数カ月前のツアーの際にお聞きしましたよ。

松本　ものすごくレアですよね。実車を見たことなんてないですよ。

担当　ガンマって、シトロエンGSとかCXみたいなカッコのやつですか？

松本　そう。でもあのモチーフの元祖は、1967年にピニンファリーナが発表したデザインスタディ〝BMCエアロディナミカ〟なんだ。製品として世に出たのはGSやCXのほうが先だけど、ガンマはピニンファリーナの作品だから、こちらのほうが正統といえるのかもしれない。

沼田　実際にエアロディナミカを手がけたスタイリス

トのフィオラバンティは、GSを見て「やられた！」と言ってたらしいよ。

松本　で、それは何色だったんですか？

徳大寺　こげ茶。ものすごく趣味がいいと自負してたのだが、前にも話したように、売るのにものすごく苦労した（笑）。

松本　相当に難易度の高いクルマですから、無理もないでしょう。

担当　それに手を出すとは、やっぱり巨匠は男の中の男ですね。

徳大寺　おいおい、それは褒めてるのか？　それともバカにしてるのか（笑）？

会場に到着してみると、すでにたくさんの新旧ランチアが勢揃い。ざっと数えたところで、100台近くあるでしょうか。主催者への挨拶もそこそこに、一行はさっそく見学を始めました。

担当　うわっ、いきなりラムダが3台もある！

徳大寺　真ん中のランチアブルーのは、小林（彰太郎）さんのクルマじゃないかな。

松本　3台ともコンディションがよさそうですね。

担当　聞くところによると、これは自動車発達史においてエポックメイキングなモデルなんでしょう？

徳大寺　うん。なんたって初のモノコックボディだからな。

沼田　（下まわりを覗き込みながら）そう言われてもピンとこなかったんですが、こうして眺めてみるとわかりますね。ごつい構造材が見当たりません。

松本　同年代のクルマと比べたら、地上高、車高ともに異様なほど低いでしょ。フレーム付きだったらこうはいかないよ。

担当　なるほど。そもそもこれ、デビューはいつなんですか?

徳大寺　１９２０年代の初めだな（編集部注：１９２２年）。

松本　それなのに、すでに前輪は独立懸架だからね。スライディングピラー式といって、この直立した筒の中にコイルスプリングとダンパーが内蔵されてる。車体に対してホイールが直線的に上下運動するからアライメント変化が少ないんだ。

沼田　たしかモーガンがまだ使ってるよね。

担当　エンジンはなんですか?

松本　狭角Ｖ４、それもアルミブロックのＳＯＨＣだよ。排気量は最初は２・１ℓで、最終的には２・５ℓまで拡大されたはず。

沼田　60年代のフルビアなんかと基本的に同じ構造のエンジンを、すでにこの時点で完成させていたのか。

徳大寺　そういうこと。ランチアの創始者であるビンチェンツォ・ランチアは、天才エンジニアだったんだな。

松本　しかも25歳でランチアを創立する前は、フィアットのチーフテスター兼レーシングドライバーとして名を馳せていたんですからね。

担当　なるほど。一見したところではただの古いクルマにしか見えないラムダが、「独創と先進性の塊」と呼ばれる理由がようやくわかりました。

沼田　ランチア恐るべし、だね。

担当　できることなら一度運転してみたいなあ。妙に現代的な短いシフトレバーを見ていたら、僕にも動かせそうな気がしてきました。

松本　じゃあ、小林さんに「運転させてください」ってお願いしてみたら?

担当　僕、一応社員で、ひと言ふた言お話ししたこともあるんですけど、十中八九、小林顧問には認識されていないと思うので、遠慮しときます……。

3台のラムダによって洗礼を受けた一行。続いて並べられた50～60年代の純ランチア時代のモデル群を前に、あれやこれやと大いに盛り上がっているようです。

徳大寺　いいねえ、アウレリアが3台並んでるよ。

ボクはこのGTが〝世界でもっとも美しいスタイリング〟だと思っているんだ
メカも凝ってますよ。部品の材質もすごくいいし、エンジンも高級
B24コンバーチブル
B20GT
巨匠のドリームカー、アウレリアが3台も並んでいました！

松本　B24コンバーチブルが2台にGTが1台。GTは初期型のB20のようですね。
徳大寺　そうだな。アウレリアB20GTは世界で初めて「GT」を名乗ったモデルなんだよ。
担当　へえ、いつごろの話なんですか？
松本　B20GTのデビューは51年。エンジンは当初2ℓで、後に2・5ℓに拡大されたんだ。
徳大寺　ピニンファリーナによるボディ、とりわけGTのほうは世界でもっとも美しいスタイリングだと思ってるんだが、これもランチアらしくメカは凝りに凝ってる。昔、透視図を見て驚いた覚えがある。
松本　ドライブトレーンはトランスアクスルで、リアブレーキはインボードドラムですからね。
沼田　後輪懸架はド・ディオンだっけ？
松本　そう。この初期型は違うけどね。狭角V6OHVエンジンもひと筋縄ではいかないよ。ラムダの時代からSOHCだったから、スペックだけで判断すると退化したように思うかもしれないけど、それは大きな間違い。
徳大寺　OHVだが、吸排気バルブをV型に配したクロスフローのヘミヘッドだよな。
松本　そうです。ランチアなりに生産効率を考えた結果OHVにしたそうだけど、そこらのOHVとはレベルが違うから。分解してみてわかったけど、部品の材質なんかもすごくいいし、高級なエンジンですよ。

担当 それはそうと、これはGTを名乗るもののコラムシフトなんですね。

徳大寺 これが出た当時はコラムシフトがトップファッションだったんだよ。たしかナルディからフロアシフトへのコンバージョンキットが出ていたと思う。

沼田 おっ、このザガート・ボディのフラミニア・スーパースポルトはディーラーものですよ。「国際自動車商事」のステッカーが貼ってあるもの。

徳大寺 そいつは希少だ。なんたって60年代ランチアのラインナップでもっとも高級で高性能、かつ数少ないモデル（編集部注：生産台数150台）だからな。

沼田 もしかして、新車で入ったのはこれ1台きりかもしれませんね。

担当 最高級車ということは、当然ながらメカも凝ってたんですよね？

松本 フロントサスペンションがスライディングピラーからダブルウィッシュボーンに変更されたことを除けば、中身はほぼアウレリアからの継承だね。エンジンは2・8ℓまで拡大され、トップスピードは20

フラビアとシルビア？・ん!?、シルビアは歌手か
インパネはこれぞイタリアモダンって感じ
さて、どちらがフラビアで、どちらがフルビアでしょう？次回のCAR検に出題されるかも
テールランプも凝ってるぞー
コンサバな格好でこれに乗ったらカッコいいだろうなー

0km／hを超えたと言われているよ。

徳大寺　このアッピア・クーペ・ピニンファリーナもかわいいじゃないか。

沼田　自然なヤレ加減がいいですね。

松本　昔、これを買おうとしたことがあるんですよ。形すら知らなかったんだけど、50年代のランチア、しかもピニンファリーナ・ボディと聞いて買う気満々になっちゃった。いざ実車を見たら、女性的な印象が強すぎる気がしてやめたんですが。

担当　たしかに女性に似合いそうなクルマですね。これの成り立ちは？

松本　アウレリアの小型版ってとこだね。ただしトランスアクスルは採用されておらず、後輪懸架はリーフリジッドで、エンジンは1・1ℓのV4。

担当　あ、これにもさっきと同じ国際なんたらのステッカーが貼ってありますよ。

沼田　フラビア・ベルリーナのシリーズ2というか、67年以降のモデルだね。ナンバーも「品川55」でオリジナル度も高い。これも貴重な個体だよ。

徳大寺　地味だけど上品なセダンだな。

担当　これはどんなクルマなんでしょう？

松本　60年にデビューした、フラミニアとアッピアの間に位置するランチア初のＦＦ車。エンジンは当初1・5ℓフラット4で、1・8ℓを経て2ℓまで拡大された。これは1・8ℓか2ℓだね。

徳大寺　で、これをひとまわり小さくしたアッピアの後継モデルが、あそこのフルビア・ベルリーナ。伝統の狭角Ｖ4エンジンによるＦＦ車で、君も知っているフルビア・クーペのベースとなったモデルだよ。

担当　フルビアとフラビア、似たような名前でややっこしいなあ。しかしこのフルビア、どっちが前だか後ろだかわからないほど真四角ですね。

沼田　たしかに。アルファやフィアットも含め、60年代のイタリアン・セダンは弁当箱スタイルが多いけど、これは中でも最たるものかもしれない。

松本　それはともかく、このフルビア・ベルリーナのボビン式のスピードメーター、カッコイイね。

沼田　インパネはこれぞモダンリビングって感じだね。シートも分厚くて掛け心地が良さそうだし、1〜1・3ℓ級小型車としてはすごくぜいたくな作りだよな。

徳大寺　逆をいえば、こんな作りかたをしていたから採算が取れず、フィアットの軍門に下らざるを得なくなってしまったんだな。非常に残念なことではあるが。

担当　フィアットの傘下に入ったのはいつですか？

松本　69年。手始めにフィアットは、ランチア車に使われるボルト／ナット類を、すべてコストの安いフィアット・クオリティのものに替えたそうですよ。

徳大寺　なるほど。クルマに使われるそれらの量は半端じゃないから、設計変更などの手間なしでコストダウンが見込めるだろうからな。

沼田　そして70年代を通じて、フィアット流の設計のモデルに切り替えられていったわけだね。

松本　そう。でも剛性感のあるボディやしなやかなサスペンションなど、その後もランチア流の味付けは巧みに残されていると言われているし、実際に乗ってもそう感じられる部分はあるよ。

担当　とはいえラリーでの活躍を除いては、日本人には価値がわかりにくいブランドではありますよね。目下のところ正規代理店もないし。

徳大寺　日本再上陸の話はどうなってるのかい？

担当　なかなか難しいみたいですよ。

徳大寺　そうか。ここに並んでいるクルマを見ればわかるように、上質で高性能なモデルを１００年以上にわたって作り続けてきた名門なんだから、頑張ってほしいけどな。

松本・沼田・担当　同感です！

いいところに必ず通りかかるSSSクーペ

日産の座間事業所にある「記念車庫」は、知る人ぞ知るマニア垂涎の宝物館。400台以上もの歴代モデルを収蔵しており、訪問はメンバーにとってツアー開始当初からの懸案だったが、今回ようやく実現した。

スペースも所蔵台数も膨大な記念車庫の取材に備え、体力を温存すべく往路の車中では各自瞑想に……なんてことはもちろんなく、巨匠以下ツアーメンバーは、朝っぱらからハイテンションで大盛り上がり。話題はもちろん懐かしの日産車です。

徳大寺　今日はいったいどんなクルマがあるんだい？

担当　戦前のダットサンに始まる歴代の市販車、R3

い、いいえ結構です
ね、彼女〜ボクのクルマに乗らないかい？
巨匠は高校時代、“水戸の花形満”だったのだ
懐かちぃー
巨匠が高校生のころに乗っていたのとほぼ同型のデラックスセダンDB-2
イラスト綿谷
徳大寺巨匠
松本センセイ
担当シオミ
ライター沼田
その数400台以上！
日産の「記念車庫」にワレワレは大興奮！
巨匠も青春時代のクルマと再会して涙した！？

注1)【MID4】V6DOHC3ℓツインターボエンジンをミドシップし、駆動方式はフルタイム4WDという先行技術開発のためのコンセプトカー。1985年と87年の東京モーターショーに出展されたが、初代はザガート風の直線的デザインで、2代目はホンダNSXとポルシェ959を掛け合わせたようなボディをまとっていた。

８０シリーズなどのレーシングカー、そしてＭＩＤ４（注１）などのコンセプトカーまで、全部で４００台以上あるそうですよ。

徳大寺　そいつはすごいな。

松本　巨匠が高校時代に愛用していたという、クロスレー（注２）みたいなダットサンもありますかね？

沼田　デラックスセダンことＤＢ型だよね。たしかあったと思うよ。

徳大寺　おお、そうかい。俺が乗ってたのは１９５２年式のＤＢ－２なんだ。中身はほとんど戦前型と同じで、前後リジッドアクスルのトラックシャシーに、エンジンは20馬力しかないサイドバルブの８６０cc。おまけにボディは鋼板の厚さが２㎜ぐらいあって重かったから、まあ走らなかったな。

担当　それにしたって、50年代に高校生でクルマとは。そもそも免許は持ってたんですか。もしかして無免？

徳大寺　とんでもない。当時は普通免許の下に５ナンバー車まで運転できる小型免許というのがあって、16歳で取ることができたんだ。で、ウチはタクシー会社をやってたから何台かクルマがあったんだけど、大事な商売道具を壊されちゃたまらんと思ったんだろう。営業車だったポンコツのＤＢ－２を親父が与えてくれたというわけさ。

松本　それで通学していたと。

徳大寺　本来は汽車通学だったのだが、本数が少ないから一本乗り遅れると遅刻する。だから遅刻しないようにと言い訳して乗ってっちゃう。親父には学校に乗っていっちゃいかんと釘を刺されてたんだけどな。

沼田　学校ではヒーローだったんじゃないですか？

徳大寺　ところが、これが評判悪くてさ。女の子なんて怖がって、誘っても絶対に乗ってくれなかった。彼女たちにとっては自家用車なんて違う世界の話だったから、相当な不良と思われたんじゃないかな。

担当　なるほど。でもクルマだけの問題なのかな……。

徳大寺　なんか言った？

担当　いえ、なんでもないです。

徳大寺　男どもはひと声かけると喜んで乗りこんできて、ぎゅうぎゅう詰めでラーメンを食いにいったっけ。ガタガタの田舎道を埃を巻き上げながらスッ飛ばして、とはいかずにトコトコと（笑）。

松本　青春してますねえ。

綿谷　でも野郎でスシ詰めは、あんまりうれしくないような……。

徳大寺　それを言ってくれるなよ（笑）。

注2）**【クロスレー】**1930～50年代に存在したアメリカ製の小型車。

渋滞でやきもきしたものの、なんとか記念車庫に到着。出迎えてくれた日産のスタッフとのあいさつもそこそこに、メンバーはさっそく見学を始めました。

担当　初めまして。お待たせしちゃってすみません。

本多明夫（敬称略、以下本多）　いえいえ、ようこそいらっしゃいました。今日は私ともうひとり、ヒストリックカーに強い中山がご案内させていただきます。

中山竜二（敬称略、以下中山）　初めまして。よろしくお願いします。

本多　では、中へどうぞ。

一同　おーっ。

徳大寺　壮観だな、これは。

担当　どこから見ればいいのか迷っちゃいますけど、とりあえず近いところから拝見しましょうか。時代的にも古そうなクルマが並んでるし。

中山　そうですね。こちらの列は戦前および戦後昭和20年代のモデルです。

担当　いちばん手前が日産の1号車なんですか？

中山　厳密には違いますが、ダットサン・ブランドを冠した最初の、そして弊社が所有するうち最古のモデルである32年式ダットサン11型フェートンです。

徳大寺　そもそもは日産の前身であるダット自動車が作った小型車だから、ダット（ＤＡＴ）の息子（ＳＯＮ）でダットソン（ＤＡＴＳＯＮ）だったんだな。だがソンは損につながるということで、太陽（ＳＵＮ）に変えてダットサン（ＤＡＴＳＵＮ）になったんだ。

担当　へえ。それで社名は日産でもブランドはダットサンだったんですね。

沼田　そうなんだけど、日産ブランドもあったんだよ。昔は原則として小型車はダットサンで、中型車以上は日産ブランドと区別してたんだ。ダットサン・ブルーバードと日産セドリックのように。

担当　なるほど。

松本　戦前のダットサンって、アクセルとブレーキペダルが一般的な配置と逆で、アクセルが真ん中でブレーキが右にあるんですよね。

徳大寺　そうだったな。もちろんミッションはノンシンクロだし、ブレーキは機械式。

松本　隣にあるからし色のロードスター、いいなあ。

中山　35年式14型ロードスターです。

沼田　ボンネットの先端に付いてる脱兎（だっと）を象ったマスコットがいいね。

中山　あれを含め、デザインは富谷龍一さん（注3）

注3）**【富谷龍一】**エンジニア。戦前は日産の社員としてダットサン・レーサーなどの設計を担当、独立後はフライングフェザーやフジキャビンを開発した。自動車のほか、時計やロボットの開発も手がけた。

です。

徳大寺　富谷さんか！　やっぱりあの人は偉大だなあ。つくづくそう思うよ。

担当　これ、カッコいいじゃないですか。

中山　37年式16型クーペですね。サイドステップがなく、サッシュドアを採用するなど、だいぶ近代化されています。

徳大寺　ほう。さっきのロードスターのマスタードも、このブルーグレーもいい色だな。

松本　オリジナル色かどうかはともかく、とても似合ってますね。ところでこれ、雰囲気がフィアット・トッポリーノに似てませんか？　サイズも近いし。

徳大寺　似てる。もっとも中身はトラックシャシーのこちらに対して、向こうは前輪独立懸架にシンクロ付きギアボックス、油圧ブレーキと当時の最先端だったが。

沼田　あ、デラックスセダンだ！

中山　戦後型となる53年式DB－5です。

徳大寺　タクシー業界の要望で4ドア化されたモデルだな。俺の乗ってたDB－2は2ドアだったけど。

担当　巨匠は高校時代、DB－2に乗っていたそうなんですよ。

中山　それはすごい。まるで花形満（注4）ですね。

一同　ワハハハハハ（爆笑）。

担当　インテリアもなかなかいいじゃないですか。高校生には高級すぎますよ。

徳大寺　白いステアリングホイールにクロームのホーンリングが付いていて、ちょっと洒落てるんだよな。

松本　巨匠のは何色だったんですか？

徳大寺　紺だったのをキャンディグリーンに塗り替えて乗ってた。

沼田　またど派手な。やっぱり花形は違いますね。（笑）

松本　このトラック、ジープを思わせる粗いプレス製のマスクが、なかなかいい味出してますね。

中山　48年式2225型トラック。戦後の混乱期に作

注4)【花形満】スポ根マンガ『巨人の星』の主人公である星飛雄馬の宿命のライバル。自動車メーカーの御曹司で、不良少年野球チーム「ブラック・シャドウズ」を率いていた中学生時代からオープンカーを乗り回していた。

37年式 16型クーペ
雰囲気はトッポリーノだね
サイドステップがなく、サッシュドアを採用。このころから近代化されてますよ
デザインは富谷龍一さん。さすがだな
うぁ〜、ボンネットの先端に付いてる脱兎のマスコットがいいね
35年式 14型 ロードスター

られたモデルです。

徳大寺　設計は戦前型のままなんだけど、物資が乏しい時代だから、光り物が一切省かれてる。それでヘビーデューティな雰囲気になったんだな。

沼田　セダンにしろトラックにしろ、昭和20年代生まれの残存車両は戦前型より希少だよね。

担当　じゃあこれは貴重な時代の証言者（車）というわけですか。と、我ながら上手く締めたところで、次のブロックを拝見するとしましょう。

見学開始早々巨匠が思い出のデラックスセダンと対面するという、クライマックス級のシーンに遭遇したツアー隊。ますます士気が高まった巨匠以下メンバーは、よりディープなゾーンへと突入していきました。

中山　戦後10年経った１９５５年に登場した本格的な戦後型がダットサン１１０型。これはコラムシフトになるなどのマイナーチェンジを受けた１１３型ですが。

徳大寺　相変わらずシャシーはトラックと共用だから前後リジッドアクスルなんだが、簡潔なデザインと頑丈さを武器にタクシーに大量に採用され、「小型車はダットサン」の定評を築いたモデルだな。

中山　で、戦前からのサイドバルブに代わってＯＨＶの１ℓエンジンを搭載した改良型が、58年の豪州ラリーのクラス優勝で知られる２１０型というわけです。

沼田　そのＯＨＶは、いわゆるストーン・エンジンですね。

担当　なんですか、それ？

徳大寺　当時、日産はデトロイトの手法を学ぶために、元アメリカン・モータースのドナルド・ストーンという技師を顧問として招聘していたんだ。彼の指導の下に作られたから、通称ストーン・エンジン。

松本　ライセンス生産していたオースチンＡ50のエンジンをベースにしたんですよね。

沼田　そう。当初日産ではブランニューのエンジンを開発するつもりだったんだけど、ストーンが猛反対したんだって。せっかくオースチン用の生産設備があるのに、それを流用しない手はないだろうと。

担当　それで？

松本　オースチン用１・５ℓのストロークを30㎜詰めて１ℓを作るというのがストーンのアイデア。そうすればボアピッチからヘッドボルトの位置まですべて同じだから、同じラインで２種のエンジンが作れると。

徳大寺　合理的だよな。以後の日産のエンジン開発に大きな影響を与えたと思うよ。

中山　さすがにみなさん、よくご存じで。

担当　その次がこの初代ブルーバードになるわけですか？

中山　そうです。59年に登場した３１０型。

徳大寺　ここに及んでようやく乗用車専用シャシーと前輪独立懸架を得たわけだが、ファミリーカーのスタンダードとなった傑作だ。これにはたしかファンシー・デラックスという日本初の女性仕様車もあったな。

担当　へえ、どんな装備が付いていたんですか？

徳大寺　着替えができるようなカーテンとか、運転しやすい靴に履き替えるため脱いだハイヒールを立て掛けるスタンドとか、大きめのバニティミラーとか。

沼田　前席シートバックにピクニックテーブルも付いてたし、ウインカーの作動音がチャイムだったとか。

さすが水戸のタクシー会社の花形満!
簡潔なデザインと頑丈さを武器にタクシーに大量に採用され、"小型車はダットサン"の定評を築いたモデルなんだ
ダットサン113型セダン

松本　それ、見たいですね。こちらには?

中山　残念ながら。

沼田　何台か現存してるようだけど、僕も３１０のファンシーの実車は見たことないな。４１０ならあるけど。

担当　４１０ってこれですよね。３１０とはまったく違うじゃないですか。４１０のデビューが63年ということは、たった4年でこうも変わるもんですかね。

松本　４１０はピニンファリーナのデザインだから。

中山　公表してないんですが……。

沼田　今さらいいじゃないですか。そういえば巨匠は当時、日産の広報のボスに「ピニンファリーナと書いたら承知しない」と言われたんでしたっけ?

徳大寺　うん。なかなか怖かったぜ。

中山　それはどうも失礼しました。

徳大寺　あなたが謝ることはないですよ(笑)。

担当　見る人が見ればわかりますけどね。ピニンファリーナらしい優美なスタイルで。

沼田　でも当時の日本では尻下がりと言われてあまり評判が芳しくなく、マイナーチェンジのたびに整形してヒップアップしていったんだ。最終型なんて、リアフェンダーのプレスラインまで変えてるし。

担当　見比べてみるとたしかに違いますね。でも初期型のほうがいいと思うんだけどなあ。

徳大寺　残念ながら、大方の日本人はそうは思わなかったんだな。

松本　このシート生地なんかも、ミッソーニみたいで洒落てますよ。

綿谷　ホントだ。

担当　ちなみにこれって、コロナとの「ＢＣ戦争」の時代のモデルでしたっけ?

徳大寺　そう。アローラインのＲＴ40コロナと熾烈な販売合戦を展開した結果、後塵を浴びてしまったんだ。

シャーッ
そういうのが今あったらいいっスよねー
カーテンとかハイヒールを立て掛けるスタントとかバニティミラーが付いた"ファンシーデラックス"という女性仕様車もあったんだよ

沼田　そして劣勢を跳ね返すべく67年に登場したのが510型。
松本　4輪独立懸架にSOHCエンジンという、世界的に見ても量産小型車としては進歩的な設計の、当時のスローガンである「技術の日産」らしい作品ですね。
徳大寺　スタイリングイメージは当時の先端技術だった超音速旅客機ということで、「スーパーソニックライン」と称していたな。
担当　ちょっと大げさじゃないですか（笑）。

徳大寺　レーシングメイトでSSSを社用車にしていたけど、いいクルマだったよ。エンジンはプリンス系のクロスフローのG型のほうがよかったけどな。
松本　このサファリブラウンのSSSクーペを見ると、ドラマ仕立てのテレビCMを思いだすなあ。

沼田　「心に残る男のクルマ」ってやつね。吹雪の中、列車に乗り遅れた女性を次の駅まで送り届けたり、夜の山道でスタックした女性のメルセデスの後輪の下に、自分のトレンチコートを無造作に敷いて脱出させたりして、名も告げずにSSSクーペに乗って去って行くという……。
担当　うわあ、くっさい芝居だなあ。
松本　わかってないね、そこがいいんだよ。
徳大寺　そうそう（笑）。

語りだしたら止まらないメンバーの勢いに、広報スタッフもいささかあきれ気味？　しかし、そんなことはおかまいなしに、メンバーはますます飛ばしていきます。

徳大寺　初代サニーか、今見ると小さくてかわいいな。
松本　顔つきがシムカみたいですね。
沼田　アルファのジュリアにも似てるよ。当時、盾の付いたなんちゃってアルファ風のサニー用グリルも作られたくらいだから。
担当　巨匠がレーシングメイトで作ってたんじゃないですか？
徳大寺　いや、俺じゃないよ。それはともかく、これは乗ると軽快でいいクルマだったな。

沼田　車重が650kgぐらいしかないですから。

担当　今の軽より100kg前後軽かったんですね。エンジンは？

松本　ストーン・エンジンの血を受け継いだ1ℓのA10型。

徳大寺　ただのプッシュロッドエンジンなのに、これがよく回るんだ。A型は名機だな。

沼田　そのA型を横置きした日産初のFF車である初代チェリーはないんですか？

中山　この先にありますよ。

松本　どれどれ……あったあった、しかも希少であろう初期型のX－1じゃないですか。

担当　X－1って、パルサーとかにもあったスポーツグレードですよね。

徳大寺　パルサーはチェリーの後継車だから、これが元祖。けっこう速くて「プアマンズ・ミニクーパー」などと呼ばれてたっけ。FF方式もイシゴニス式（注5）だし。

松本　後端が切れ上がったウィンドウグラフィクスがカッコイイ。マセラティ・クアトロポルテみたい。

中山　それは言いすぎでしょう（笑）。

沼田　これはチェリーが出た1970年前後の流行で、「チャイニーズ・アイライン」なんて言われてましたね。

徳大寺　うん。このオレンジもその頃の流行色だよな。

沼田　そうですね。ちなみにチェリーは当時の日産のラインナップで最小のモデルなんだけど、ブランドは小型車用のダットサンではなく、日産だったんだ。シオミくん、なぜだかわかる？

担当　さあ。

徳大寺　それはだね、もともと旧プリンスで開発が進められていたクルマだから。ダットサンの血筋ではないということなんだろうな。

担当　なるほど。というところで、ちょっと休憩してお昼にしませんか？

徳大寺　いいね。そうしよう。

担当　中山さん、差し支えなかったら社員食堂にお邪魔できせんか？　僕らにとってはめったにない機会ですので。

中山　けっこうですけれど、社食でいいんですか？

一同　ぜひ！

中山　ではご案内いたしましょう……。

社員食堂でランチをいただき、記念車庫に戻ったメンバーは、まずは戦前の日産車に向かいました。ツアー前半は「ダットサン」ブランドの小型車の歴史を遡ったので、後半は「日産」ブランドの中・大型車の流れを中心に辿っていくようです。

担当　1938年式日産70型セダン、これが日産ブランドのルーツですか。

中山　そうです。アメリカのグラハムページ社から設計図および生産設備一式を買い取って国産化したもので、1937年に1号車がラインオフしました。

徳大寺　当時のフォードやシボレーとほぼ同じサイズのセダンで、直6エンジンは4ℓぐらいかな。

中山　3・7ℓです。

注5）**【イシゴニス式】**天才設計家アレック・イシゴニスが、1959年に登場したミニに採用した前輪駆動システム。横置きしたエンジンの下にギアボックスを配置した2階建て構造。

沼田　隣にある、三越百貨店のロゴマークの入った39年式81型バンもグラハムページの設計ですよね。

中山　ええ。日本初のセミキャブオーバートラックにバンボディを架装したもので、ほかにバスもありました。

担当　2台ともホイールキャップにカタカナで「ニッサン」と入っているのが渋い。

松本　戦後のオースチンのライセンス生産はよく知られているけど、戦前にもこうした例があったんですね。

徳大寺　オースチンの場合とはちょっと事情が違うんだけどな。当時日産は日本GMを買収して、将来的に国産シボレーを生産する計画を進めていたのだが、国策によって軍部から即座に大量生産体制を整えることを要請され、路線変更を余儀なくされたんだ。そこにちょうど売りに出されていたグラハムページの生産設備があったというわけさ。

担当　なるほど、勉強になりました。

中山　その日産オースチンがあちらにありますよ。

徳大寺　どれどれ。おっ、A40サマーセットとA50ケンブリッジがあるぞ。

中山　A40はノックダウン生産された53年式、A50はライセンス契約が切れる直前の59年12月に作られた最終生産車です。

松本　ほぼ同じクラスの英国車であるヒルマン・ミンクスをいすゞがライセンス生産していましたが、両車を比べるとどうでした？

徳大寺　ヒルマンはとってもいいクルマだったけど、女性的で作りが華奢だった。いっぽうオースチンは頑丈で、未舗装路が多かった当時の日本にはより適していたと思うよ。

沼田　A50を見て思い出したけど、以前ある旧車イベントで初めてA50を見た女の子が、「なにこれ？　ミニの顔を真似してる！」と言い放ったとか。

徳大寺・松本・沼田　ハハハハハハ(笑)。

担当　そう言えばミニに似てますね。

徳大寺　おいおい、しっかりしてくれよ。A50はミニより先に世に出た兄貴分なんだぞ。

担当　だ、大丈夫、わかってますって。ちょっとボケ

てみただけですよ。

松本　ホントに知ってたのかなあ……。

今はその名が消えてしまいましたが、かつては日産の看板車種のひとつだったセドリック。どうやら巨匠には、この高級車にまつわる忘れられない思い出があるようです。

中山　オースチンのライセンス生産から学んだノウハウを生かして作られた中型車が、1960年に登場した初代セドリック。これは61年当時の最高級グレードのカスタムです。

松本　国産中型車として初めてモノコックボディを採用したんですよね。

徳大寺　そのボディ構造をはじめ中身はほぼオースチンを踏襲し、バーネットの小説『小公子』の主人公にちなんだ車名も英国趣味なんだが、スタイリングはアメ車風なんだよな。

担当　縦目のデュアルヘッドライトにラップラウンドしたウインドシールドなど、当時のアメ車の流行を取り入れてますが、日本人の好みを反映した結果なんでしょうかね。

沼田　お、なかなか言うじゃない。マイナーチェンジで

ホイールキャップのカタカナの"ニッサン"ロゴが渋いっ!
38年式 日産70型セダン
当時、国策によって軍部から大量生産体制を整えることを要請され、ちょうど売りに出されていたグラハムページの生産設備を買い取ったというわけですな
アメリカのグラハムページ社から生産設備一式を買い取って国産化したものです
39年式 81型バン

おいおい、クルマ雑誌の編集者がそれでいいのかよっ！
へえ〜ミニの顔に似てるなー
こいつは頑丈で未舗装路が多かった当時の日本にも適したクルマだったよ
オースチンA50ケンブリッジ

横目4灯に改められた後、63年に追加されたのが、このスペシャル。ストレッチされたボディに、1・9ℓ直4に代えて2・8ℓ直6を積んだショーファードリブン用の3ナンバー車。

松本　これはおそろしく長いですね。

中山　4855㎜の全長は国産最長でしたが、車幅は5ナンバー枠の1690㎜のままなので、よけい長く見えるんでしょう。

担当　ドアに東京オリンピックのステッカーが貼ってありますが？

中山　聖火搬送の大役を務めたクルマなんです。

担当　なるほど。そういえば、巨匠はこのスペシャルに思い出があるんですよね？

徳大寺　ああ。ガールフレンドの家から借りだしてナイトラリーに出ちゃったんだ。

松本　国産最高級車、それも他人のクルマでラリーですか！　もしかして傷つけたり凹ましたりしちゃったとか？

徳大寺　いや、そんなことはなかったし、ちゃんと洗って返したんだけど、下まわりに砂利がいっぱい詰まっているのを不審に思ったお抱え運転手さんが彼女を問い質し、そして俺は彼女から問い詰められ……。若気の至

61年式
初代セドリックカスタム
東京オリンピックの聖火搬送に使用された由緒あるクルマだ
杉江くんおイタしすぎ～！
スペシャルでラリーに出場
杉江くん！うちのクルマで何をしたの～！
なんでこんなに砂利が詰っているんだよ～！
杉江くんはやんちゃだから(笑)
64年式
セドリックスペシャル

うちのオヤジが昔、これのシャンパンゴールドのやつを乗ってたけど、雰囲気がいいんだ
ホントだ～、ピニンファリーナって感じ。グサッと刺さります
うあ～、サードシート付き8人乗りだ
セドリック
ワゴン6

りとはいえ、申し訳ないことをしたな。

沼田　それにしても、よくこんな長いクルマでラリーに出ましたね。成績はどうだったんですか？

徳大寺　これが3位に入賞したんだよ。

担当　ということは、相当頑張っちゃったんですね。

中山　さて、セドリックは65年にフルモデルチェンジするんですが、このストレッチ版は新たに登場したプレジデントに発展し、セドリックは5ナンバー専用車に戻りました。

沼田　410ブルーバードと同じくピニンファリーナデザインの130型ですね。

中山　そうなんですが、並行して進められていた社内デザイン案も捨てがたく、結局、それが初代プレジデントに採用されたんです。

担当　中山さんも愛社精神を発揮しますね（笑）！

松本　１３０セドリックはとくにワゴンがカッコイイですね。イタリア風に「ファミリアーレ」と呼びたい雰囲気です。

沼田　日産ワゴンのパイオニア的存在で、セドリックのワゴンは初代からサードシート付きの８人乗りなんだよね。

徳大寺　これはスペシャル6かな。

中山　ええ。セダンの最高級グレードですね。

徳大寺　昔、オヤジがこれのシャンパンゴールドのやつを持ってて、水戸に帰るとよく借りて乗ったけど、内装がすばらしいんだ。ジャガーのような英国車風というか、イタリアのグランツリズモ風というか、スポーティかつ高級な雰囲気で。

松本　ホントだ。エクステリアともども、いかにもピニンファリーナって感じですね。

沼田　でも、４１０ブル同様、残念ながら当時の日本ではウケなくて、マイナーチェンジで内外装ともに無国籍なデザインに変えられちゃうんだ。そして71年に出た3代目の２３０型からはアメリカンに路線変更、というか戻ったというべきかな。

担当　へえ。そんな歴史があったんですか。

１９６６年に日産が吸収合併したメーカーである「プリンス」。皇室とも縁が深かったそのプリンス系のモデルももちろん記念車庫に収められています。

中山　１９５４年式プリンス・セダンＡＩＳＨ－２、スカイラインのルーツとなるモデルです。

徳大寺　航空機製造を前身とする技術コンシャスなメーカーの作だけに、プリンス・セダンは日本で初めてＯＨＶエンジン、シンクロメッシュ付きのトランスミッション、そしてコラムシフトを採用したモデルなんだ。

沼田　これ、今の天皇が皇太子時代に愛用されていたクルマなんですよね。それがプリンスに戻ってきて、保管されていたという。

松本　じゃあ皇室とプリンスの縁は、このクルマから始まったんですか。

徳大寺　そもそもプリンスという車名（ブランド名）は、52年に皇太子の立太子礼にちなんで命名されたものなんだよ。

担当　そういえば巨匠の著書に、学生時代に「プリンスに乗ったプリンス」こと、皇太子が運転する初代スカイラインに鎌倉の鶴岡八幡宮の参道で出くわし、思わず道を譲ったとありましたね。

徳大寺　そうなんだ。今じゃ考えられないけど、警護らしい警護もなかったんだよな。

中山　このプリンス・セダンが初代スカイラインに発展し、その派生モデルとして初代グロリアが生まれ、さらにモデルチェンジして登場したのが、この2代目S40系グロリアです。

徳大寺　これは日本初のSOHCストレート6を積んだスーパー6だな。

松本　クロームのモールがベルトラインをぐるりと一周するところはシボレー・コルベア的ですが、非常にきらびやかで高級感のあるデザインですね。

中山　コルベアが出る前から、プリンスでは独自にこのスタイリングを編み出していたということなんですが。

松本　直6エンジンはクロスフロー？

沼田　いや、ターンフロー。このグロリアのG7型エンジンも、さっきの

プリンスという車名は、52年に皇太子の立太子礼にちなんで命名されたものなんだ
これって今の天皇が皇太子時代に愛用されたクルマなんですよね
54年式プリンスセダンAISH-2

2代目セドリックのL20型エンジンも、カムカバーの形状など当時のメルセデスの直6によく似てるんだよ。

担当　参考にしたんですかね。

徳大寺　おそらく。しかしSOHCエンジンといい、初代スカイライン以来のド・ディオンのリアアクスルといい、グロリアは見た目はアメリカンだけど、中身は当時の日本車には珍しくヨーロッパ的なんだよな。

松本　このグロリアの直6エンジンをスカイライン1500に無理やり押し込んだ初代スカGから始まった、レースに勝って名声を得るというやり方もヨーロッパ的ですよね。

徳大寺　そうなんだ。おもしろいメーカーだったよなあ、プリンスは。

沼田　ところが1966年に日産に吸収合併され、翌67年に登場したこの3代目A30系からは「日産グロリア」を名乗ることになった。

中山　セドリックとの部品共用などを進めるため後輪懸架はド・ディオンからリーフリジッドとなり、直6エンジンも当初はG7でしたが、後

にL20に換装されます。

担当　縦目4灯のスタイリングは、御料車であるロイヤルのイメージを引用したんでしょうか？

中山　そうです。「ロイヤル・ルック」と称してました。

松本　たしかに気品を感じるデザインですが、方向性としてはアメリカンで、アメ車にかなり似ているのがあったように思うんだけど。

沼田　ランブラー・アンバサダー990とか？

松本　それそれ。とはいえ5ナンバー枠に収まるとは思えないぐらい立派に見えますね。

徳大寺　そうだな。これとか初代デボネアあたりは、特に大きく見えるよな。

担当　これが5ナンバーサイズだったなんて、今の今まで知りませんでした……。

スポーツカーにおいても日産は日本におけるパイオニアでした。歴代フェアレディを中心に多数所蔵されている中から、メンバー厳選のモデルをご紹介いたしましょう。

沼田　巨匠、1963年の第1回日本グランプリの国内スポーツカーレースで優勝したフェアレディ1500（SP310）がありますよ。

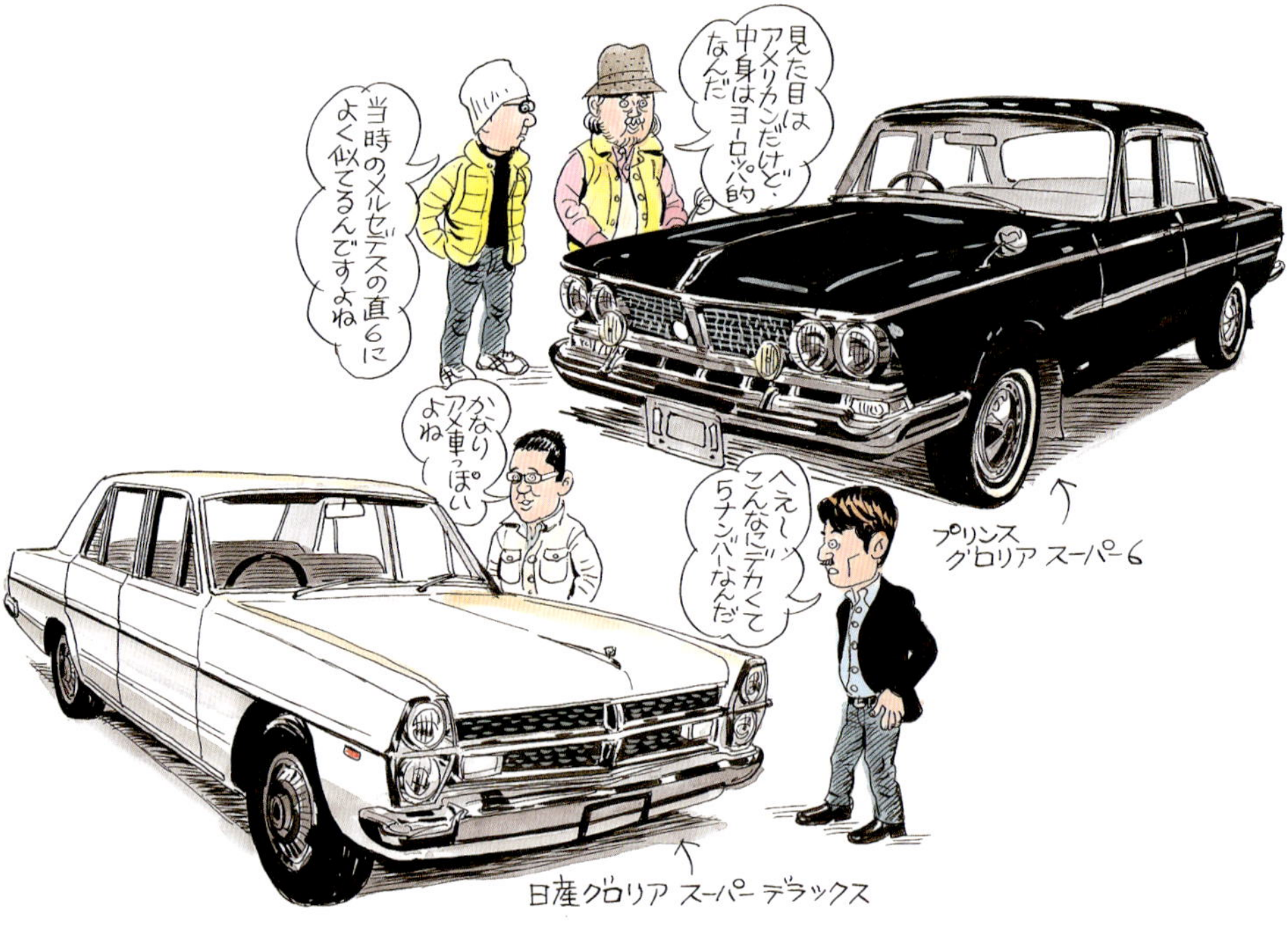

見た目はアメリカンだけど、中身はヨーロッパ的なんだ
当時のメルセデスの直6によく似てるんですよね
かなりアメ車っぽいよね
へえーッこんなにデカくて5ナンバーなんだ
プリンス グロリア スーパー6
日産グロリア スーパーデラックス

63年の第1回日本グランプリの国内スポーツカーレースで優勝したクルマですよ
巨匠といえども当時は内部事情まではわからなかったんだ
まさかこいつがトライアンフTR4やMGB、ポルシェ356を抑えて勝つとは予想もしなかった
これの試乗会で160キロオーバーしたっけな
カタログの最高速は165キロですが、それをオーバーしたと聞いてます(笑)
フェアレディ1500
初代シルビア

徳大寺　初代ＳＣＣＮ（日産スポーツカークラブ）会長の田原源一郎さんが駆ったクルマだな。これがトライアンフＴＲ４やＭＧＢ、ポルシェ３５６なんかを抑えて勝っちゃったんだから、驚いたよ。おかげでフェアレディなんて欧州製スポーツカーに比べたらてんでダメ、なんて仲間に吹聴していた俺の面目は丸潰れ。

一同　ハハハハハ（笑）。

松本　第２回はドライバー、それ以降は関係者としてグランプリに参加した巨匠も、第１回当時は内部事情まではわかならかったんですか？

徳大寺　そうなんだ。この低いウインドスクリーンからも明らかなように、メーカーの手が入ったスペシャルなんだけど、その頃はそんなことを知らないから。

沼田　今気づいたんだけど、サイドウィンドウも巻き上げ式じゃない。名だたる欧州製スポーツカーといえども、ストックではワークスマシンに勝てませんよね。

担当　エンジンはどうなんでしょう？

中山　キャブレターがノーマルのＳＵシングルからＳＵツインに替えられていますが、輸出仕様としてホモロゲーションを取得していました。

沼田　３１０ブルーバードをベースとしたこのフェアレディのシャシーに、ハンドメイドのクーペボディを架装した日産初の高級ＧＴが、あそこにある初代シルビア。

中山　フェアレディ１６００の型式名がＳＰ３１１で、シルビアがＣＳＰ３１１。つまりオープン２座であるフェアレディのクーペ版という設定だったんですね。

徳大寺　なんとも美しいクルマだな。デザイナーはアルブレヒト・ゲルツだっけ？

中山　と言われていますが、実際には彼のアドバイスのもとに社内デザイナーが行ったそうです。

徳大寺　ほう。

松本　スタイリングの美しさもさることながら、ボディの作りもすごく凝ってて、随所に職人技が光ってますよ。

担当　となると値段も高かったんでしょうね。

中山　シャシーを共有するフェアレディ１６００が93万円、セドリックの最高級グレードのスペシャル６が１１５万円だった65年当時、１２０万円しました。

沼田　だからフェアレディはダットサン・ブランドだったけど、こっちは最初から「日産シルビア」と名乗ってたんだ。

徳大寺　思いだしたけど、これの試乗会は谷田部の高速試験場でやったんだ。

担当　へえ。バンクでどれくらいでたんですか？

徳大寺　１６０km／h以上出たと思うな。

オバフェンが付いているのにこんな細いタイヤでカッチョ悪くないっスか？
ま、そうなんだけど、しかし、こうしてオリジナル度の高い車両を保存しているのは立派じゃないか
おいおい、クルマ雑誌の編集者がそれでいいのかよ
メディアの方々の後押しが必要なんですよぉ〜。お願いします
一般ユーザーも見学できるように施設を作ってくださいよ〜。もったいない
フェアレディ240ZG

中山　カタログデータの最高速は165km／hなんですが、それをオーバーしたと記録に残ってます。

担当　じゃあ元祖広報チューンだったんですかね？

一同　ワハハハハハ（笑）。

徳大寺　こらこら、失礼なことを言うんじゃない。

担当　そういう巨匠だって、笑ってるじゃないですか。それはそうと、これは何台くらい作られたんでしょう？

中山　約3年間に554台です。

担当　それっぽっちですか。

松本　高いし、ほとんどハンドメイドだから、作ろうったって量産は無理だしね。

沼田　それに対して、最初から量産を前提に作られたのが、型式名S30こと初代フェアレディZ。

中山　「ダッツンZ（ズィー）カー」として北米で人気を博したS30ですが、国内ではダットサンから日産ブランドに変更されました。

担当　こんなプレキシグラスのライトカバーやオーバーフェンダーが付いてたんですか？

徳大寺　それは国内だけで販売された240ZGだろ。

沼田　「Gノーズ」と呼ばれるノーズコーンが付いて、鼻も長くなってるんだよ。

担当　でもせっかくオバフェンが付いてるのに、こんな細いタイヤを履いたんじゃ格好悪いじゃないですか。

松本　わかってないね。これがオリジナルなんだよ。

沼田　そうそう、鉄チンホイールにキャップの付いたフルオリジナルのZGなんて、めったに拝めるシロモノじゃないんだよ。

担当　はあ、そうなんですか。

徳大寺　そのへんで勘弁してやれよ。それはそれとして、こうしたオリジナル度の高い車両を筆頭に日産がこれだけ多くのクルマをきちんと保存しているのは立派だし、とってもありがたいことだよな。

松本　おっしゃるとおりですね。

沼田　同感です。

中山　ありがとうございます。

担当　願わくば、一般ユーザーも見学できるような施設があれば最高なんですけど。

中山　……とりあえずイベントなど、できるだけお目にかける機会を増やすべく努力します。

徳大寺　お願いします。さて、今日はいいものをたくさん見せていただきました。ありがとう、とっても楽しかったですよ。

中山　こちらこそ、巨匠の貴重なお話を生でお聞かせいただき、どうもありがとうございました。

あとがきにかえて

日本は中古車が安い。ボディカラーさえ問わなければ、中古車は得だと思う。近頃はインターネットという便利な道具があって、中古車もうんと選びやすくなったと聞くが、中古車を選ぶ際にはやっぱりこの目で見たい。本気で買うとなればなおさらだ。実際に見てから買う。これが私のポリシーである。

中古車を見極める際、ちょっとしたコツがある。いいなと思ったモデルがあったら、30m離れてそのクルマを見るのだ。中古車店ではクルマがぎっしり陳列されていることも多いから難しい場合もあろうが、その場合はなるべく離れて見る。そうすると、いいクルマならキシッとして見えるはずだ。反対にダメなクルマはグズッとしている。「キシッ」とか「グズッ」とはいったい何？　と聞かれることがあるが、こればかりは「キシッ」「グズッ」としか表現しようがない。

結局、この感覚をつかむには、何台か中古車購入を経験し、失敗と成功を繰り返すしかない。私の場合、この歳になっても何も残らぬほどの授業料を中古車に対して支払ってきたから、いいクルマが放つ雰囲気を見逃さないことにかけては長けていると自負している。年式や走行距離にあまりこだわる必要はない。その代わり予算のすべてを車両価格に注ぎ込むべきではない。あくまでも中古車である。トラブルもあり得る。予算の何割かは手元に残しておきたい。

　このエンスーツアーでもピンからキリまでのモデルを紹介したが、３００万円を大きく超えるモデルがあまり多くなりすぎないよう心掛けたつもりだ。なんとなれば、一般的なクルマ好きがクルマに無理なく使える上限が３００万円前後だろうから。当然、自分の予算に応じて選べばよい。50万円でも楽しめるモデルを見つけられるし、５００万円出して失敗することもある。自分の審美眼に自信がないなら、最初に予算を店に伝えて、その範囲で探してもらうのもよかろう。

　最終的に買うか買わないかを決めるポイントとなるのは、その店のオヤジである。私が中古車店を回るのが好きなのは、いろんなオヤジに会って、いろんな話を聞けるからだ。オヤジの言うことが信用できる店から買うのが一番だ。それなら皆さんにもできるだろう。納得いくまで話せばよいのだから。

　今年の秋くらいにはまたクルマを買いたいと思っている。もちろん中古車から探したい。もしかしたらこの連載でお邪魔した店から買うことになるかもしれない。実は何台か気になっているクルマがあるのだ。買ったらＮＡＶＩで報告したい。

２００８年６月

徳大寺有恒

徳大寺有恒《とくだいじありつね》といく

エンスー・ヒストリックカー・ツアー

発行日	2008年6月30日初版発行
編 著	NAVI編集部
発行者	黒須雪子
発行所	株式会社　二玄社 〒101-8419 東京都千代田区神田神保町2-2
営業部	〒113-0021東京都文京区本駒込6-2-1 東京都文京区駒込6-2-1 電話03-5395-0511
URL	http://www.nigensha.co.jp
装幀・本文デザイン	黒川デザイン事務所
印刷	図書印刷

ISBN978-4-544-04352-5